KB105698

아이의 두뇌를 춤추게 하는 음악 놀이

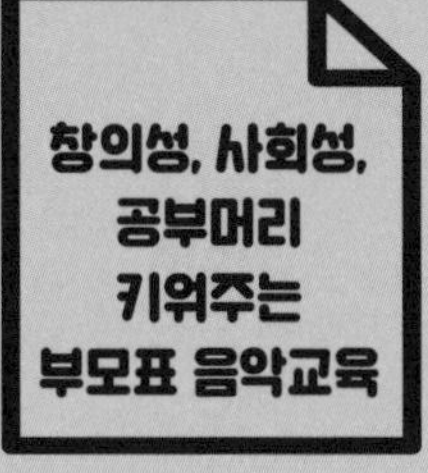

아이의 두뇌를 춤추게 하는 음악 놀이

김성은 지음

PROLOGUE

우리 아이 음악 교육, 재미있게 시작하기!

저는 15년 동안 음악 교육현장에서 많은 아이들을 만나왔습니다. 사명감을 가지며 일하고 있는 저도 한때 고민이 있었습니다. 대학을 졸업하고 아이들을 가르치던 때의 일입니다. 그 당시의 저는 아이들을 가르치면서도 마음 한구석에 늘 고민을 품고 있었습니다. 모든 아이들에게 똑같은 교재와 패턴으로 피아노를 가르치는 일이 재미가 없다는 것이었습니다. 아이들 또한 수업을 지루해하는 것이 느껴져 일에 더욱 회의감이 들었습니다.

아이가 피아노 학원을 다니게 되면 대부분의 경우, 아이는 업라이트 피아노피아노의 종류 중 하나로, 일반 가정이나 학교 등에서 사용하는 보급형 피아노가 있는 한 평 남짓한 연습실에 들어가 혼자 연습하는 시간을 가지게 됩니다. 보통은 한 곡을 10번씩 치고 선생님께 검사를 받고 밖으로 나와 이론실로 이동합니다. 책상과 의자 그리고 연필 지우개가 있는 그곳에서 아이는 이론 공부를 하게 되는데, 대부분의 교재는 따라 쓰기로 이루어져 있습니다. 매일 그런 패턴의 반복입니다. 피아노를 치고, 검사받고, 따라 쓰고. 저는 아이들에게 그러한 배움 방식이 어떤 도움이 되는지 항상 의문스러웠습니다. 하기 싫어하고 재미없어 하는 아이들을 달래느라고 진이 빠지곤 했죠. 이내 '피아노 학원은 운영 시스템 상 어쩔 수 없는 것인가.' 하는 체념을 안고 일을 그만둔 뒤 개인 레슨을 하기 시작했습니다. 그러나 저의 고민은 사라지지 않았죠. 수업을 하기 싫어하는 아이와 40분 내내 실랑이를 하고 돌아온 날이면 '어떻게 하면 아이들이 재미있게 음악을 배울 수 있을까.' 하는 고민은 더욱 깊어져 갔습니다.

그 시기 여러 교재와 다양한 세미나를 통해 외국에서 들어온 교재들과 교수법들을 공부하게 되었습니다. 그러나 그걸 바로 한국의 교육 현장에 적용하기란 쉽지 않았죠. 음악은 공통 언어고 하나로 통합할 수 있다지만, 나라마다 배움의 시기와 문화 그리고 정서가 다르다는 것이 발목을 잡았습니다. 타국의 아이들이 자연스럽게 아는 노래들을 우리나라 아이들은 생소하다고 느끼며, '도대체 내가 왜 이 노래를 배워야 하지?'라는 생각을 하더군요. 그래서 제 나이 25살에 결심을 하게 되었습니다. '우리나라 아이들에게 맞는 쉽고 재미있는 피아노 프로그램을 내가 만들어 봐야겠다.'고요.

그 당시 저의 머릿속에는 '재밌는 피아노 수업', '쉬운 피아노 교재' '어떻게 하면 글자를 모르는 아이들도 피아노를 쉽고 재미있게 배울 수 있을까' 등등 아이들을 위한 음악 교육 생각뿐이었습니다. 매일 새벽까지 이어지는 연구 개발에도 힘들지 않고, 오히려 새벽 공기를 마시며 퇴근하는 것이 상쾌하게 느껴질 정도였죠. 남들 다 쉬는 휴일에도 출근해서 일하는 것을 스스로 뿌듯하게 여기며 작업 했습니다.

그렇게 저의 20대와 30대 전반을 바쳐 개발한 20권의 피아노 교재와 '소리콩' 프로그램을 기반으로, '소리노리 음악센터'를 운영 중입니다. 현재 전국 약 50개의 지점을 통해 많은 아이들이 피아노를 쉽고 재미있게 배우고 있습니다.

아무도 하지 않은 무엇인가를 개발하고 세상에 내놓는 일이 결코 쉽지 않고 만만치 않다는 것을 저는 압니다. 그러나 만들고 나서 맞이한 성취감은 무엇으로도 표현하기가 어려운 것 같습니다. 제 청춘과 노력이 들어있는 프로그램을 통해 많은 선생님들이 도움을 얻을 때, 아이들이 즐겁게 웃으며 피아노를 배워나갈 때, 부모나 선생님이 시켜서가 아니라 스스로 피아노 치는 게 좋아서 행복하게 연주를 하는 아이들의 모습을 볼 때 저는 큰 행복을 느낍니다. 저는 많은 아이들이 음악을 재미있는 놀이로 배워나가길 원합니다. 또한 아이들이 성인이 되어서도 음악이 제일 친한 친구, 자신들의 진짜 취미가 될 수 있도록 오랜 시간 재미있게 깊이 있는 교육을 해나갔으면 좋겠습니다.

유아 피아노 <소리콩> 대표

동요 작곡가 김성은

contents

PART 01 우리 아이 음악 교육이 필요한 이유

PART 02 누구나 쉽게 이해하는 음악 교육의 모든 것

엄마 아빠가 키워주는 우리 아이의 음악성

천편일률적인 피아노 교육의 오해와 진실

아이의 두뇌가 춤추는 음악 놀이

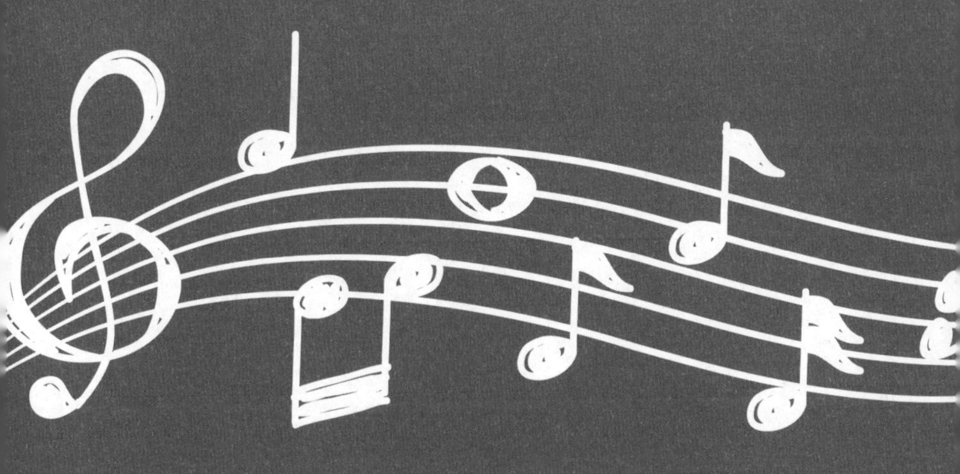

PART 01

우리 아이 음악 교육이 필요한 이유

우리 아이 음악 교육,
왜 필요할까?

많은 사람들이 음악과 함께 삶의 여러 순간들을 맞이합니다. 사람들은 음악을 통해 살아갈 힘을 얻으며 위로를 받습니다. 음악은 늘 곁에서 우리와 함께하고 있지요. 무언가를 축하하는 자리에 음악은 빠지지 않습니다. 결혼식만 생각해 보더라도, 그 시작과 끝을 말 대신 음악이 알려주죠. 고통스럽고 슬픈 순간에도 음악은 우리와 함께합니다. 명작이라고 꼽히는 영화 중 하나인 '타이타닉'을 본 적 있으신가요? 배가 가라앉는 순간에도 탑승객 중 몇 명이 악기를 꺼내 생의 마지막 연주를 하는 장면은 많은 사람들에게 강렬한 인상을 주었습니다. 이외에도 장례 때 연주하는 장송곡葬送曲과 같이 삶의 마지막 순간에도 음악은 우리와 함께합니다. 이처럼 음악은 인간의 삶의 전반에서 떼려야 뗄 수 없는 존재라고 말할 수 있습니다.

혹시, 아이들이 음악을 통해서 얻게 되는 심리적인 안정감에 대해 생각해 본 적이 있나요?

아이가 잠들지 못하고 잠투정을 부릴 때 부모들은 아이를 달래려 자장가를 불러줍니다. 부모의 노랫소리를 들으며 아이는 어느덧 편안한 잠에 들게 됩니다. 아이가 거실에서 장난감을 가지고 놀 때에도 동요를 틀어주며 적막한 공기의 활기를 불어넣습니다. 노래를 들으며 아이는 더 즐겁게 놀이에 집중합니다. 아이가 조금 더 커서 어린이집이나 유치원 등의 교육 기관에 가게 되면, 더욱 많은 시간을 음악과 함께 하게 됩니다. 매주 새로운 동요를 친구들과 함께 배우고 직접 부릅니다. 음악과 한층 더 가까워지는 것이지요.

이렇듯 아이들의 세계 또한 어른의 세계처럼 음악이 아주 큰 비중을 차지하고 있으며, 그 무엇보다 친근한 존재로서 성장에 많은 영향을 끼칩니다. 그렇다면, 음악에 대한 교육이 특히 10세 이전의 아이들에게 필요한 이유는 무엇일까요?

♫ 음악 경험으로 커 가는 아이들

실제로 많은 교육가들이 유아 시기의 음악 교육 효과에 대해 꾸준히 이야기 해왔습니다. 독일의 유명한 작곡가이자 교육가인 칼 오르프Carl Orff는 "음악 교육은 어릴 때부터 시작하는 것이 이상적이다. 가장 단순한 개념부터 점차 복잡한 개념으로 단계적으로 나아가야 한다."라고 말했습니다.

저는 아이들에게 음악과 피아노를 가르치며 동요를 작곡합니다. 그 이력으로 종종 자녀를 둔 부모님들을 대상으로 강의를 하곤 하는데, 강의시간 중 모두가 집중해서 눈을 반짝이거나 몸을 앞쪽으로 바싹 붙여서 듣는 부분이 있습니다. "음악 수업이 아이들에게 어떤 이로움이 있을까요?"라는 질문에 대한 답이 바로 그것입니다. 제가 운영하는 소리노리 음악센터의 학부모님들 또한 자주 하는 질문이기도 합니다. 특히 4세 5세 자녀를 둔 어머니들이 많이 물어보십니다. 그 나이 때에는 어떠한 수업을 해도 바로 표면적으로 성장한 점이 드러나지 않기에 부모들은 더욱 궁금하고 알고 싶은 것이지요.

음악 수업을 어릴 때 시작하면 좋다고 하는데, 그래서 시키고 있거나 혹은 시킬 예정인데, 도대체 음악 교육이 내 아이에게 어떤 이로움이 있을까요?

제가 운영하는 음악센터에 다니는 아이들은 음악 지능으로 창의성을 극대화하는, 자연스러운 음악 배움의 시간을 즐거워합니다. 수업을 하다 보면, 아이들에게서 들려오는 기분 좋은 소리가 있습니다. 바로, "선생님 저 노래 만들었어요!"입니다. 노래를 만들게 된 이유는 아이마다 다양합니다. 주말 동안 있었던 일들이 즐거워서 노래를 만들었다는 아이, 부모의 결혼기념일 선물로 자신이 만든 곡을 선물했다는 아이, 코로나에 대한 생각을 노래로 만들었다는 아이, 크리스마스에 받고 싶은 선물을 노래로 만들어 전달하겠다는 아이, 선생님이 좋아서 곡을 써왔다는 기특한 아이 등등. 이처럼 아이마다 쓰고 싶은 곡의 주제와 내용이 모두 다릅니다. 제가 운영하는 음악센터의 아이들은 작곡한 곡을 친구들과 함께 공유합니다. 그리고 서로 융합하며 합주합니다.

"○○이는 이 부분에서 크게 심벌즈를 연주해 줘."

"☆☆는 노래를 불러줘."

"□□이는 피아노를 쳐 줘."

곡을 만드는 시작은 혼자였지만, 이후는 친구들과 함께합니다. 각각의 친구들에게 맡길 역할을 직접 지정해 주고, 자신이 만든 오선 위의 음들을 친구들과 함께 풍성하게 변화 시켜 봅니다. 모두 함께 음악을 만들어 보는 경험을 하는 것이지요.

각각의 개성 있는 음들을 서로 잘 섞이게 하려면 상대방 소리에 귀를 기울여야 합니다. 그 과정에서 아이의 머릿속엔 다양한 음악적 아이디어가 떠오르고, 최종적으로 더 발전된 결과물이 탄생합니다.

저는 이런 교육이 살아있는 교육이라고 생각합니다. 혼자서 고민하고 고심하는 시간에서 끝나는 게 아니라, 창의적으로 만든 무언가를 사람들과 나누고 융합하는 과정을 통해 더 발전해 나가는 것. 현시대에 우리 아이들이 미래를 잘 살아가기 위해서 꼭 필요한 경험이라고 생각합니다.

"선생님, 오늘 ○○이가 작곡한 노래 멋졌어요."

"친구들과 다 함께 음악을 만들어 가는 거 정말 재미있어요."

"다음에는 제 노래로 합주하기로 했어요. 기대돼요!"

이렇듯 살아있는 음악 경험들이 우리 아이들에게 어떤 좋은 점을 가져다주며, 어떤 능력을 만들어줄까요. 또한 우리 아이들의 성장에 있어 어떤 좋은 영향을 끼치는 것일까요? 제가 15년 동안 아이들에게 음악 교육을 하며 느끼고 확인한 장점들을 좀 더 본격적으로 이야기해 보도록 하겠습니다.

전인적 교육으로써 음악

어린 시절 양질의 음악 교육은 아이에게 다양한 선물 같은 경험들을 선사합니다. 음악이 그저 음악으로써 머무르는 게 아닌, 삶의 전반에 영향을 끼치는 것이죠. 특히, 어린 시절의 음악 교육은 아이가 튼튼한 어른으로 자라나는 데 있어 풍부한 밑거름이 됩니다.

단순히 악보를 보고 피아노를 치는 것만이 음악 교육의 전부라고는 생각하지 말아줬으면 하는 바람이 개인적으로 있습니다. 음악이라는 큰 카테고리 안에서 우리 아이들을 크고, 넓게 바라봐 주면 좋겠습니다. 그 속에서 아이들이 자신만의 음악 세계를 만들어 갈 수 있도록 격려와 사랑을 담아 아이를 믿고 지지해 준다면 어떤 일을 하더라도 훌륭한 인재로 자라날 것입니다. 우리 아이는 음악 교육을 통해 다양한 이점을 경험하며, 온전히 음악을 자신의 것으로 만들 수 있습니다.

♫ 표현력 및 창의성 향상

4차 산업시대에 우리 아이들에게 가장 필요한 능력은 무엇일까요? 사람이 하고 있는 일들 중 많은 부분이 로봇으로 대체되고 있는 현실입니다. 저도 아이를 키우고 있는 부모로서 우리 아이의 미래를 위해 어떤 교육이 정말로 필요할까 늘 고민하게 됩니다. 그러다 보니 '로봇이 대체할 수 없는 영역이 과연 있기나 한 걸까, 있다면 어느 영역인 것일까?'라는 생각을 자주 해보게 되죠. 로봇은 할 수 없는 영역, 그러나 사람은 당연히 할 수 있는 부분들 말입니다. 아마 그중에는 '창의성'이 포함되어 있을 거라 생각합니다.

사람은 감정의 동물입니다. 그 다양하고 복잡 미묘한 감정들을 표현해 내고 발전시킬 수 있는 분야 중에서도 '예술'은 창의성이 꼭 필요한 영역입니다. 즉, 창의성이야말로 확연하게 로봇과 비교되는 인간 고유의 능력인 거죠. 인간만이 할 수 있는 것을 내 아이에게도 줄 수 있다면 더할 나위 없이 좋지 않을까요?

실제로 미래학자 다니엘핑크는 자신의 저서 『새로운 미래가 온다』 한국경제신문/2020년 11월에서 '미래는 감성이 지배하는 시대 즉, 우뇌의 시대가 될 것.'이라고 이야기했습니다. 많은 사람이 알고 있듯, 우뇌는 창의적 사고의 뇌로 직관적 판단에 관여한다고 알려져 있습니다. 공간적, 예술적, 감성적, 청각적 감각이 뛰어난 사람 대부분이 좌뇌보다 우뇌가 발달해 있다고 합니다.

우리는 임신을 하면 태교로 좋은 음악을 듣거나 태담을 하고, 배 속의 아이에게 동화를 읽어줍니다. 우리의 감각기관 중에서 가장 먼저 발달되는 것이 '청각'이기 때문이지요. 음악 수업에서는 그러한 청각을 이용하여 아이가 집중할 수 있고 무언가를 표현해 낼 수 있는 활동을 합니다. 음악을 듣고 표현해 보는 활동은 정답이 정해져 있는 수업이 아니다 보니 아이가 느낀 감정이 제일 중요해집니다. 어떤 주제로 어떤 곡을 만들지 생각하고 표현해 내는 것 자체가 창의를 요구하는 일이지요.

아이들은 자신의 생각과 감정을 음악으로 표현해 내는 일이 재미있다고 말합니다. 누군가 만들어 놓은 곡을 그저 반복해서 따라 치는 것보다, 자신의 것을 만들어 가는 행위가 훨씬 재미있는 것은 어찌 보면 당연한 일입니다. 아이들 각자 자신만의 스토리가 있고, 무한한 상상력만큼 수많은 표현방식을 가지고 있습니다. 자신이 느낀 것을 어떻게 표현하느냐에 따라 다양한 작품이 탄생됩니다. 몸동작으로 표현하거나 목소리로 표현하거나 다양한 악기를 활용해서 표현하며 자신만의 음악세계를 만들어나가게 되는 것이지요.

이렇듯, 창의적 인재를 필요로 하는 현시대에 음악 교육은 쉽고 자연스럽게 아이들의 표현력과 창의성을 발달 시켜 줄 수 있는 좋은 수단입니다. 모든 아이는 예술가입니다.

♫ 리듬감 향상

매주 꾸준히 무언가를 해나간다는 건 작은 에너지가 큰 에너지로 압축되어가는 과정입니다. 제아무리 타고난 재능도 꾸준하게 갈고닦지 않으면 빛을 낼 수 없듯이, 꾸준함을 이길 수 있는 건 존재하지 않습니다. 매주 음악을 듣고 몸을 움직이며 다양한 악기로 리듬을 연주하는 음악 수업 활동을 통해 아이의 리듬감이 좋아지는 건 당연합니다. 리듬감이 좋은 아이는 단순히 음악적인 측면이 아니라, 어른이 되어서도 자신의 생활패턴 리듬을 잘 통제할 수 있을 확률이 높습니다.

♫ 음감 발달

부모가 음치일 경우, 아이 또한 음치일 가능성이 큽니다. 그러나 아이가 만 7세 이전이라면 충분히 음치를 고쳐줄 수 있습니다.

우리 삶에서 노래를 부를 일은 생각보다 많이 등장합니다. 간단한 상황만 상상해 봐도 그렇습니다. 직장에서 회식 시 노래방을 갈 일이 생길 수도, 모임에서 한 곡 하게 될 수도, 부모님 칠순잔치에서 부모님이 평소 좋아하시던 노래를 멋들어지게 불러 드릴 일이 생길 수도 있습니다. 가수가 아닐지라도, 노래 한 곡으로 분위기를 띄우고, 자신을 뽐내야 하는 일이 생각보다 많이 있습니다. 예로부터 우리 민족은 흥이 있고 가무를 좋아하지 않았던가요. 만약, 노래에 자신 있다면 어떨까요? 어디서든 더 당당해지는 것입니다. 반대로 음치일 때는 어떨까요? '제발 나 시키지 마라' 하며 가슴을 졸이겠지요. 스트레스와 함께 자신감이 저하되는 건 당연합니다.

어린 시절 양질의 음악 수업으로 정확한 음정을 귀로 익히고 자신의 목소리로 소리를 내보는 과정에서 아이들의 음정은 좋아질 수밖에 없습니다.

♫ 정서적 안정

정서적 안정을 저는 음악 교육 효과 중 가장 베스트라고 단언합니다. 눈에 보이지는 않지만 가장 도움이 되고, 아이에게 긍정적인 에너지를 압축해서 선물해 줄 수 있기 때문입니다.

아이들은 우리가 생각하는 것보다 더 많은 스트레스를 받습니다. '아이들이 스트레스를 받는다고?' 아마 이렇게 생각하시는 분들도 있을 것입니다. 그러나 놀랍게도 사실입니다. 현재 아이가 있으시다면, 당신의 아이 또한 부모는 몰랐던 스트레스를 받고 있을 수 있습니다. 아이는 커가면서 자신의 자아를 만들어가고 정체성을 키워나갑니다. 이 과정에서 사회적 관계 또한 확장되어가죠. 아이는 친구들과의 관계, 가족 간의 관계 등에서 스트레스를 받습니다. 이럴 때, 아이들 또한 어른과 마찬가지로 건전하게 스트레스를 푸는 게 중요합니다. 스트레스가 적절하게 해소되지 못할 경우 단순히 화내고 짜증 내는 것을 넘어, 정서적 및 행동적 문제로 악화될 수 있기 때문입니다.

정서적으로 안정된 아이는 모든 면에서 뛰어날 수밖에 없습니다. 어른이나 아이나 안정된 정서가 가장 중요한데, 어른은 사회적 상황에서 불안정한 정서를 잠시나마 숨길 수 있지만, 아이들은 아닙니다. 정서적으로 문제가 있다면 바로 드러나게 되어 있습니다.

아이들이 받은 정서적 불안을 가장 건전하게 해소할 수 있는 좋은 방법 중 하나가 바로 '악기 연주'입니다. 노래를 부르고 악기를 연주하는 전반적인 음악 활동은 스트레스를 건강하게 해소하는 선순환적인 활동입니다.

실제로 제가 운영하는 음악센터에서 음악 수업을 할 때, 악기 연주를 하며 스트레스를 푸는 아이들을 많이 보았습니다. 특히, 언어를 배워가는 시기인 3~6세 아이들에게 효과적입니다. 아이들은 소리가 나는 다양한 악기들을 연주하며 자신들이 좋아하고 편하게 느끼는 소리를 찾아 나갑니다. 저는 수업이 끝난 후 진행되는 피드백 시간에 부모님에게 주저 없이 그 부분을 말씀드립니다. 아이가 현재 무언가에 스트레스를 받고 있지는 않은지 질문하며, 아이가 겪고 있는 감정 및 상황을 부모가 예의주시할 수 있도록 조언해드립니다. 6~7세 정도가 되면 아이들은 자신의 마음 상태나 감정을 직접 말로 표현해 주기도 합니다. "피아노를 치면 마음이 즐거워요."라는 식으로 말입니다. 악기를 연주하며 자신의 스트레스를 풀어가는 아이들. 유아 시기부터 음악 수업이 필요한 이유 중 하나입니다.

♫ 협응력

잠시, 악보를 보며 피아노를 연주한다고 상상해 봅시다. 당신은 먼저 피아노 의자에 앉을 것입니다. 단순히 앉아 있다고 해서 피아노를 칠 수는 없겠지요. 눈으로 악보를 읽으며, 악보에 있는 많은 정보를 파악해야 합니다. 박자, 계이름, 리듬, 다양한 표현법 등등. 그런 다음 오른손 왼손을 피아노에 올리고, 각각의 음과 지시사항에 맞춰 손가락을 움직이며 연주를 합니다. 그 와중에 눈과 머리로는 그다음 마디의 악보를 읽어나갑니다. 발도 가만히 있을 수 없지요. 페달을 밟을 때와 떼야 할 때는 정확히 인지해야 합니다.

아이들의 성장 과정에서 신체의 신경 기관, 운동 기관, 근육 등이 서로 호응하며 조화롭게 움직일 수 있는 능력을 향상시키는 것은 중요합니다. 이를 '협응력'이라 합니다. 음악은 협응력을 길러줄 수 있는 아주 훌륭한 발달 수단입니다. 단순히 피아노를 예로 들었지만, 이는 어떤 악기를 연주하든 노래를 부르든 비슷한 과정으로 진행이 됩니다. 음악을 제대로 즐기기 위해선 다양한 감각을 동원해 집중해야 합니다. 꾸준한 음악 교육을 통해 우리 아이는 자연스럽게 협응력을 기를 수 있습니다.

♫ 사회성 발달

미국의 저명한 음악 교육학자 에드윈 고든Edwin E Gorden은 "음악은 언어처럼 인간의 발달과 존재에 있어 기본적인 것이다. 음악을 통해 아이는 자신과 타인의 삶 자체를 통찰한다."라고 말했습니다.

어릴 때는 모든 것이 '나' 중심으로 돌아가는 자기중심적 세상에 살아가게 됩니다. 스위스 심리학자인 피아제의 인지발달 이론에 따르면, 2~7세까지 아동은 '전조작기pre-operational stage'에 해당하며 이들의 중요한 특징 중 하나가 자기중심적 사고라고 말합니다. 즉, 타인 또한 자신과 동일하게 현상, 상황들을 파악하며, 비슷하게 생각하고 행동할 것이라고 믿는 것이지요. 이런 자기중심적 사고는 사회화 과정 속에서 상호 소통적인 인식으로 변해가는 과정을 겪습니다.

자기중심적인 행동과 생각으로는 세상을 살아갈 수 없습니다. 여러 사람과 소통하며 더불어 살아야 하는 것이 세상의 이치입니다. 무언가를 함께 만들어가는 과정에서 융합은 필수적입니다. 그 융합의 근간이 되는 능력이 바로 '사회성'입니다. 음악 수업은 그런 사회성을 기르기에 아주 적합한 수단입니다.

친구들과 함께 노래를 부르는 '합창'이나 다양한 악기를 함께 연주하며 조화로운 소리를 만들어가는 '앙상블' 과정에서 아이는 타인과 함께 만들어나가는 세상을 경험합니다. 자신의 소리 이외에도 타인이 연주하는 소리를 들으면서, 내가 연주하는 악기만 좋고 중요한 게 아님을 배워나갑니다. 다른 친구가 연주하는 걸 귀담아들으며 함께 소리를 만들어 나갈 때, 가장 듣기 좋은 연주가 된다는 걸 몸소 체득하는 것이지요. 이를 통해 아이는 자연스럽게 타인을 생각하고, 타인과 함께 하나 되어 협력하고 화합하는 방식을 자연스럽게 배우게 됩니다. 사회성 발달을 자연스럽게 키우는 것이지요. 다양한 악기가 어우러져 듣기 좋은 소리를 만들어 갈 때, 아이들의 얼굴에도 미소가 번지게 됩니다.

♫ 집중력 증가

악기를 연주하고, 노래를 완곡하고, 작곡을 하는 등의 여러 음악 활동은 상당한 집중력을 필요로 합니다. 어린 시절 음악 교육을 한 아이와 하지 않은 아이들을 대상으로 학업 집중력에 대해 실험을 했는데, 그 결과 어린 시절 꾸준히 음악 교육을 받은 아이들의 집중력이 월등히 높다는 연구 결과가 나왔습니다. 미국 하버드대 의대, 칠레 폰티피시아 가톨릭대 의대, 데싸로요대 의학부, 복잡계 사회 연구소, 신경영상 연구실 공동연구팀은 '어려서 악기 연주를 배우는 것이 주의력과 기억력 향상에 도움을 준다'라는 연구 결과를 뇌과학 분야 국제 학술지 '최신 신경과학Frontiers in Neuroscience'에 발표하기도 했죠. 그만큼 복잡하고 고도의 집중력을 요하는 것이 바로 음악입니다. 어린 시절의 음악 교육은 아이의 집중력을 자연스럽게 길러줄 수 있는 좋은 수단입니다.

♫ 자신감 및 성취감 향상

음악 교육학자 중 하나인 홀M.A.Hall은 "유아에게 있어 음악의 가장 중요한 목표는 음악을 통해 모든 유아가 자신감을 세우는 것이다. 그 자신감은 유아가 자신이 음악 소양을 갖고 음악적으로 참여하며, 창조하고, 나누면서 확신을 가지고 그것을 표현한 결과로서 갖게 된다."라고 주장했습니다.

저는 실제로, 평소 자신의 목소리를 내기 어려워했던 소심한 성격의 아이들이 큰 소리로 노래를 부르거나, 간단한 리듬악기를 연주하게 되었을 때, 혹은 <작은 별>이나 <비행기>처럼 자신이 아는 익숙한 노래를 피아노나 실로폰 등의 악기로 연주했을 때 '나도 할 수 있다.'라는 일종의 자신감과 성취감을 얻는 모습을 많이 봐왔습니다. 이렇듯 음악 교육은 아이들에게 자연스럽게 재미를 주며 자신감을 키워주고 성취감을 높이는 데 도움이 됩니다.

내가 쓴 곡을 직접 이끌어가야 하는 상황이 온다면, 친구들과 하나되어 곡 연주를 완성시키는 과정 속에서 리더십을 성장시킬 수도 있습니다.

사고를 형성하며 행동을 익히는 유아 시기의 음악 경험은 성장발달 과정에서 꼭 필요한 '전인적 교육'으로써, 전두엽이 발달하는 유아 시기에 체험하고, 인지하며, 표현해 보는 감각적 경험을 종합적으로 할 수 있게 합니다.

음악 지능이 높아야 공부 지능이 생긴다

공부는 과연 언제까지 해야 하는 것일까요? 우리나라에서는 보편적으로 초등학교에 입학하고 고등학교 3학년까지, 약 12년이라는 시간 동안 집중적으로 공부를 합니다. 한국 아이들의 공부 시간은 집중력 여부를 제외하더라도 전 세계 어느 나라 아이들보다 길다고 알려져 있습니다. 경쟁 사회 영향으로 다양한 경험을 해야 할 시절까지 공부와 치열한 경쟁으로 잠식되고 있는 것이지요. 그러다 보니 부모님들이 아이들에게 가장 많이 하게 되는 말이 바로 "공부해라!"입니다. 현재 내 자녀에게 그 말을 하는 부모들은 자신의 과거를 생각해 보면 좋겠습니다. 과거 학창 시절 때 '공부해라'라는 소리가 듣기 싫었던 기억이 있나요? 그런 이야기를 반복적으로 들을 때 자신의 감정은 어땠는지 잊어버리고서 내 아이에게 그 말들은 똑같이 내뱉고 있는 건 아닌지요.

아이들이 공부를 본격적으로 해나가는 나이가 되기 전에 부모는 아이에게 여러 가지 배움의 길을 열어줄 수 있습니다. 그중에서도 운동이나 미술 등 예술을 꾸준히 접하고 배워나가는 경험은 아이가 공부를 해나가는 데 도움이 됩니다. 예술경험과 공부가 무슨 관계가 있는 건지 의문을 갖는 분도 있을 것입니다. 실제로, 많은 신경과학자들이 악기 연주나 체육 활동 등이 아이들의 인지 기능을 향상시켜줄 뿐만 아니라, 집중력을 높여주고 스트레스 관리에도 도움이 된다는 연구 결과를 내놨습니다.

"엉덩이가 무겁다(질기다)."라는 말을 들어보았는지요. 한번 자리를 잡고 앉으면 좀처럼 일어나지 않는, 집중력이 좋다는 의미의 관용 표현입니다. 결국 공부, 작문, 악기 연주, 그림 그리기, 운동 등 모두 엉덩이가 무거워(질겨)야 가능합니다. 잠깐 끄적이는 게 아니라, 엉덩이를 붙이고 열심히 타자를 두드려야 글의 한 꼭지를 완성할 수 있습니다. 연필 몇 번 움직이고 마는 게 아니라, 마지막 선 하나까지 집중해서 그려야 그림의 스케치가 끝납니다. 근육이 터질 것 같아도 힘을 준 채 버텨야지만 운동의 한 세트를 온전히 마칠 수 있습니다. 한두 번 악기를 연주하고 마는 게 아니라, 집중적으로 연습해야지만 한 곡을 제대로 내 것으로 만들 수 있습니다. 자신이 만족스러울 때까지, 목표한 수준까지 엉덩이를 떼지 않고 집중해서 해내는 것, 그 과정에서 아이들은 스트레스를 뛰어넘은 성취감을 얻습니다. 성취감을 한 번 맛본 아이들은 그 짜릿하고도 행복한 기분을 계속 느끼고 싶기에 스스로 더욱 노력하며 집중합니다.

즉, 버티는 힘을 자연스럽게 기르는 것입니다. 예술 활동을 통해서 자연스럽게 버티는 힘을 기른 아이들은 그것을 공부에도 이용합니다. 책만 펴놓고 물 마시러 갔다가, 핸드폰을 봤다가, 괜히 이 방 저 방 들락날락하는 게 아니라, 의자에 엉덩이를 딱 붙이고 제대로 된 집중을 하는 것이지요.

♫ 전뇌를 사용하는 악기연주

악기 연주를 할 때 우리는 전뇌全腦를 사용합니다. 바이올린, 첼로, 플루트, 클라리넷, 드럼, 기타 등 여러 악기가 있지만, 그중에서도 가장 많은 아이들이 배우고 있고 신체적 제한이 적어 접근성이 쉬운 피아노를 예를 들어 이야기 해 보겠습니다. 이전에 설명했던 '협응력24p' 부분을 떠올리면 이해가 더 쉬울 것입니다.

- 눈으로 악보를 본다. 악보를 파악하고 분석해야 한다.
- 박자, 멜로디, 음의 길이, 다양한 표현법 등 여러 가지를 고려한다.
- 위의 고려 사항을 신경 쓰며 손으로 건반을 누른다.
- 발로 페달도 밟아야 한다.
- 악보를 보고 양 손가락과 발로 페달을 밟으며 연주해 나간다.

이처럼 우리는 여러 감각들을 동시에 사용하여 피아노를 칩니다. 그

때 우리 뇌에서는 일종의 '불꽃놀이'가 일어납니다. 피아노 수업 중, 때때로 아이가 집중력을 발휘해 잘 쳐보려고 노력하는 모습을 보일 때 저는 이렇게 이야기하곤 합니다.

"지금 너의 뇌는 축제가 일어났어. 불꽃놀이가 시작된 거야. 엄청 똑똑해지고 있어!"

악기를 꾸준히 연습하는 이러한 시간이 나중에 공부에 집중하는 시간으로 바뀐다고 생각하면 됩니다. 음악 교육을 통해 엉덩이를 붙이고 집중하는 힘이 길러진 것이지요. 음악 교육은 문자에 집중하기 힘든 나이대의 아이들이 보통 30분~40시간, 길게는 1시간 남짓 정도 집중할 수 있는 환경을 제공합니다.

실제로 어릴 때 음악 교육을 꾸준히 해온 아이들이 공부 지능이 높다는 연구 결과가 많이 있습니다.

미국 하버드 의대 연구팀이 미국 공공과학 도서관 온라인 학술지 『플로스 원PLoS One』에 발표한 연구 결과에 따르면●, 피아노 또는 현악기를 최소 3년 이상 배운 8~11세 어린이 41명과 어떤 악기도 배우지 않은 어린이 18명을 대상으로 소리 구분 능력, 손가락 민첩성, 지능지수IQ 등을 조사한 결과, 악기를 다루는 아이가 그렇지 않은 아이보다 어휘력 점수가 15% 높았으며, 도형 · 그림 · 숫자를 통한 추리력 점수도 11% 나

● Marie Forgeard, Ellen Winner, Andrea Norton, Gottfried Schlaug(2008). Practicing a Musical Instrument in Childhood is Associated with Enhanced Verbal Ability and Nonverbal Reasoning(PLOS ONE)

높게 나타났다고 밝혔습니다. 연구팀은 "음악은 기억력을 향상시키고 스트레스를 줄여주며 운동능력까지 향상시켜준다."라며 "부모들은 아이들의 두뇌발달을 위해 음악을 자주 듣는 환경을 만들어주면 좋다."라고 말했습니다.

또한 미국 하버드대 의대 외 6개의 단체들이 참여한 공동연구팀 또한 10~13세 남녀 어린이 40명을 대상으로 집중력과 작업기억력을 측정한 결과, 악기 연주를 2년 이상 한 아이들이 그렇지 않은 아이들과 비교했을 때 학습과 연관된 뇌 신경 체계가 더 발달한 것으로 나타났습니다. 기억력 점수는 2배 가까이 높게 나타났으며, 다양한 감각정보를 받아들여 통합하는 모서리위이랑supramarginal gyrus 및 전두엽이 특히 활성화되는 것으로 확인됐습니다. 추가적으로 악기 연주를 배운 아이들이 읽기 독해 능력뿐만 아니라 창의력이 우수하고 주의력 조절 능력, 스트레스 조절 능력이 더 우수한 것으로도 밝혀졌습니다.

이외에도, 캐나다의 토론토 대학 역시 6세 아동 144명을 무작위로 선정해 절반은 피아노 레슨을 받게 하고 나머지는 아무런 레슨도 받지 않도록 하여 음악과 지능의 연관관계에 대해 연구를 진행했습니다. 그 결과 각종 악기에 대한 레슨이 수학적 능력과 전반적인 IQ 향상을 가져온다는 사실을 발견했습니다. 특히 악기를 오래 배울수록 더욱 큰 효과가 있는 것으로 나타났습니다.

이렇듯 악기 연주는 뇌신경 회로의 연결성을 높이는데 매우 효과적인 발달 수단으로써, 어린 시절의 음악교육은 단순히 음악적 능력만을 향상시키는 걸 넘어서, 지적 및 학습 능력을 향상시키는데 큰 도움이 됩니다.

PART 02

누구나 쉽게 이해하는 음악 교육의 모든 것

어떤 음악을 들려줄까?

"어떤 음악을 들려주면 좋을까요?"

아이를 키우는 부모의 입장에서 늘 궁금한 질문 중 하나일 것입니다. 제가 강의를 가면 질의응답 시간에 많이 물어보시는 질문이기도 하며, 사적인 자리에서 많이 받는 질문이기도 합니다. 아이에게 음악을 들려주면 좋다고는 하는데 도대체 어떤 음악을 들려주면 좋을까요?

사실 무엇이 좋은 음악이라고 단정 지을 수는 없습니다. 사람마다 들었을 때 편안하고 기분 좋아지는 음악이 다르기 때문입니다. 유독 좋아하는 악기 소리가 있을 수 있고, 애정 하는 음악 장르가 있을 수 있습니다. 각자의 취향이 다르기 때문에 모두가 한자리에서 똑같은 음악을 들었다고 해도, 저마다 느끼는 감정이 모두 다릅니다. 그래서 저는 이렇게 답을 해드립니다.

"다양한 음악을 많이 접하게 해주세요."

클래식도 좋고 뉴에이지도 좋습니다. 국악도 좋고, 재즈도 좋지요. 그러나 무엇보다도 아이가 재미있게 따라 부를 수 있는 동요이면 더욱 좋습니다. 제가 강의 때마다 늘 하는 이야기가 있습니다.

"그림책을 보는 나이에는 동요를 들려주시면 됩니다."

동요를 듣고 아이가 신나게 따라 부르는 것이 최고의 음악 교육이며 가장 기초의 음악 교육입니다. 동요는 아이들 정서에 가장 좋은 장르입니다. 동화를 읽는 나이에는 동요를 들려주는 것이 가장 좋습니다. 동요는 부르고 듣는 것 모두 아이들이 주체인, 오로지 아이들만을 위해 만들어진 노래이기 때문이지요.

그러나 현재 아이들이 듣는 동요 중에 부모가 어릴 때 듣던, 혹은 그보다 훨씬 이전의 노래들도 많이 있습니다. 이렇다 보니 간혹 현시대의 정서와 맞지 않는 가사의 노래가 있습니다. 때문에 시중에 나와있는 동요 베스트를 틀어주기보다는 부모가 한 번 검열 후, 적절한 동요 리스트를 만들어 틀어주는 것이 좋습니다.

♪ 어떤 음악을, 어떻게 들려줄까요?

우선 자극적이지 않은 음악을 자연스레 집에서 흘러나오게 하는 것이 좋습니다. 저의 경우 계절 별로 듣고 싶은 작품을 정한 뒤, 아침 식사 시간이나 놀이 시간에 자연스레 흘러나오게 틀어 놓습니다.

예를 들어 보자면, 봄엔 비발디의 사계 CD를, 여름엔 뉴에이지 음악을, 가을엔 바흐의 무반주 첼로 모음곡 CD를, 겨울엔 크리스마스 메들리를 재즈로 편곡한 연주 CD를 집에 틀어 놓고 아이와 함께 듣습니다.

기본적으로 계절마다 작품 CD 1장과 때때로 듣고 싶은 연주곡 및 동요 CD를 번갈아 틀어줍니다. 굳이 CD를 사서 듣는 이유는 음악을 끊어지지 않고 끝까지 들을 수 있기 때문입니다. 휴대전화 앱을 통해 듣게 되면 전화가 오거나 메시지가 오는 등의 상황이 발생하게 되어 음악 감상 집중이 힘들어지기 때문입니다.

또한 CD를 살 때, 듣기 편하게 대중들이 많이 아는 곡들 여러 개를 편집하여 만든 것보다는, 한 작곡가 혹은 특정 연주가의 작품 CD를 구매하는 걸 추천합니다. 두세 달 동안 음악을 깊이 있게 들을 수 있고, 작곡가나 연주자만의 고유한 특징들을 느낄 수 있어 지겹지 않기 때문입니다. 처음부터 작품 CD를 사서 틀어 주는 것이 어렵게 느껴진다면, 편안하게 유명한 곡을 편집한 CD를 사서 시작하는 것도 물론 좋습니다. 저도 처음에는 그렇게 시작을 했으니까요. 그러다 어느 정도 음악 감상에 익숙해졌을 때, 작곡가 및 연주자의 작품 CD를 사보기를 권합니다.

이동하는 차 안에서 음악을 들려주는 것 또한 추천합니다. 다만, 차량으로 이동하는 시간이 아이에게는 지루할 수 있으니, 아이가 평소 좋아하는 동요를 많이 틀어줍시다. 아이는 노래를 따라 부르거나 몸을 들썩거리며 춤을 추는 등 음악을 즐기고 지루함을 느끼지 않으며 목적지까지 이동할 것입니다. 혹시 아이가 차에서 잠이 들면, 모차르트나 바흐의 음악으로 바꾸어 틀어주세요. CD를 들을 수 없는 차량이라면 미리 핸드폰에 아이가 들을 동요 리스트를 만들어 놓는 것도 좋습니다. 아이가 깨어있을 때와 아이가 잠잘 때 틀어줄 목록을 따로따로 나누어서 말이지요.

♪ 이런 노래는 피해요

동요를 포함해 아이에게 다양한 음악을 많이 들려주는 건 좋지만, 피해야 할 음악도 있습니다. 아이들에게 굳이 들려주지 않아도 되는 음악 장르를 저는 이렇게 꼽아 봅니다.

트로트 & 가요

트로트와 가요는 듣는 주체가 아이들이 아닙니다. 그러니 당연히 아이들 정서에 맞지 않는 노래가 대다수이지요. 가사들이 대체로 이별과 사랑에 대한 내용으로 이루어져 있고, 그중엔 듣기 민망할 정도의 선정적인 가사가 포함되어 있는 경우도 있습니다. 이에 더해 반복되는 기계음은 음악성을 키워나가는 성장기 아이들에게 좋은 영향을 주지 않습니다.

매체의 발달로 예전과 달리 요즘 아이들은 동요보다 가요와 트로트를 더 쉽게, 자주 접합니다. 그렇다 보니 부모들뿐 아니라 아이들 또한 아무런 문제의식 없이 자연스럽게 노래를 따라 부르는 모습을 자주 보게 됩니다. 개인적으로 매우 안타깝고 속상합니다. 트로트 프로그램에 어린아이들이 출전해서 노래를 부르는 모습을 볼 때마다 '과연 저 어린 아이가 가사의 뜻을 조금이라도 알까?' 하는 생각이 절로 드는 요즈음입니다. 저도 모르게 채널을 돌리게 되는 이유이기도 합니다. 아무리 유행이라고 해도 아이들에게 맞지 않는 가사들로 이루어진 노래는 굳이 들려주며 연습시키고 따라 부르게 할 필요가 없습니다. 저 또한 6살 딸이 있는데, 제가 자발적으로 들려주지 않는 장르가 바로 가요와 트로트입니다. 음악적으로 성장하는 시기에는 아이들에게 맞는, 아이가 건강한 주체로 성장할 수 있는 동요를 듣고 부르며 놀 수 있기를 바랍니다.

헤비메탈과 공포스러운 느낌의 BGM

스마트폰이 보급화 됨에 따라 영상물을 시청하는 시간이 늘어난 요즘입니다. 집중해서 보지 않더라도 TV를 켜놓는다는 집도 많습니다. 이렇다 보니, TV나 스마트폰을 통해 의도하지는 않았더라도 두려움을 불러일으키는 공포 BGM을 심심찮게 듣게 됩니다. 일상 속에 녹아든 것처럼 너무나 자연스럽게, 나의 의지와 상관없이 귀에 들립니다. 문제는 이를 아이도 같이 듣게 된다는 점입니다. 실제 한 연구 결과에 따르면, 헤비메탈 음악과 공포 영화 BGM에 지속적으로 노출된 사람의 뇌는 그렇지 않은 사람에 비해 많은 스트레스를 받고, 불규칙한 뇌파인 베타파가 많이 나온다고 합니다. 뇌에 부정적인 영향을 주는 음악의 자극은 아이에게도 역시 치명적일 것입니다.

물론, 간혹 부모가 헤비메탈 장르를 좋아해서 들을 수도 있고, 의도치 않게 라디오나 길거리에서 흘러나올 수도 있습니다. 그러나 '에이, 잠깐 듣는 거 어떻겠어?' 하는 안일한 생각을 경계하는 것이 중요합니다. 옆에 있는 내 아이가 함께 듣는다는 걸 인지하고, 가급적 어린 나이에는 듣지 않는 게 좋다는 걸 실천해 주면 좋을 듯합니다. 잠깐의 노출이 아이에게는 충격이 될 수 있고, 그 잠깐이 쌓이다 보면 내 아이의 성장에 안 좋은 영향을 끼칠 수 있기 때문입니다.

chapter 02

어떤 악기를 시켜볼까?

음악 교육의 첫 시작은 즐겁고 재미있어야 합니다. 아이가 커서 어떤 직업을 가지고 살아갈지 그 누구도 알 수 없지만, 어떤 삶을 살아가더라도 음악을 친구로 둔다면 좀 더 풍성한 삶이 될 것이라는 건 누구나 동의할 수 있는 부분입니다. 악기는 아이가 손쉽게 음악을 접할 수 있는 좋은 매개체가 될 수 있습니다.

'아이에게 가르칠 악기' 하면 많은 부모들이 흔히 '피아노'를 먼저 떠올립니다. 아이의 신체 발달에 가장 적은 구애를 받을 뿐만 아니라, 배울 수 있는 교육기관이 다른 악기에 비해 상대적으로 많이 있기 때문이지요. 실제로 한국의 많은 부모들이 아이들에게 피아노 교육을 시키고 있습니다. 음악 교육 시 '피아노는 기본'으로 시킨다는 생각을 가지고 있는 부모들도 많이 있지요. 그러나 음악 교육이 곧 피아노 교육은 아닙니다. 피아노가 음악 교육의 기본도 아닙니다. 피아노 말고도 아이가 배울 수 있는 악기는 다양합니다. 어떤 악기를 배우든 음악 교육에서 공통적으로 중요한 것은 따로 있습니다.

기본 · 기초가 중요하다는 말은 많이 들어보셨지요? 영어를 가르치든 수학을 가르치든 선생님들이 모두 같은 말씀을 합니다. '기본', '기초' 그것이 중요하다고 말입니다. 음악도 마찬가지입니다. '리듬'과 '음계'가 바로 음악의 기본이자 기초이죠. 이 두 개가 잘 갖춰져 있다면 아이가 어떤 악기를 배우든 연주력, 표현력을 키워나가기 수월합니다. 기본을 잘 배워놓으면 이후의 것들은 자연스럽게 따라오는 것이지요. 마치 토지의 기초공사가 끝나면 어떤 건물을 세울지 결정하기가 쉬워지는 것처럼 말이죠. 어릴 적 음악 지능은 평생 이어집니다. 어린 시절 양질의 음악 교육이 아이가 성인이 되어서도 유지가 되는 것이지요.

음악성에도 여러 종류가 있습니다. 다양한 음악성의 종류만큼 아이들 각자가 가지고 태어난 결도 다릅니다. 각자의 개성이 뚜렷하죠. 다양한 음악성 중에서도 아이가 가지고 있는 특출난 지점을 잘 파악해 개발해 나간다면 모든 아이는 조금 더 깊이 있는 음악 활동을 하며, 꼭 전공을 하지 않더라도 건강한 취미로써 음악과 함께하는 풍요로운 삶을 살아갈 수 있을 것입니다. 부모가 아이의 음악 교육에 더 많은 관심을 기울이고, 각각의 아이 성향에 맞춰 적절한 교육을 시작한다면, 아마 아이는 평생 음악을 친구처럼 생각하고, 자신이 재미있게 배운 악기를 가까이하며 살아가게 될 것입니다.

어떤 악기를 시켜볼지 결정하기 전에 꼭 기억하고 지켜주면 좋은 점이 있습니다.

첫 번째. 아이가 관심을 가지는 악기이면 좋습니다.
두 번째. 아이의 나이대에 적합한 악기를 골라주는 게 좋습니다.

어떤 악기를 시작하든 꾸준하게 실력을 향상시키려면 무조건적인 주입식 교육은 아이의 음악성을 발달시키고 평생의 취미를 만드는 데 절대 도움이 되지 않습니다. 특히, 만 7세 이전의 아이들은 음악적인 체험이 중요한 시기입니다. 암기식으로 이루지는 수업은 '음악은 재미없는 것이며 어려운 것'이라는 생각을 심어주는 역효과가 날 수 있습니다. 예술을 놀이로 접근하고 온 마음과 몸으로 즐기는 게 필요할 때입니다.

각 악기 군에 대해 알아보고 아이가 배울 수 있는 시기, 그리고 실제 악기를 사주기 전에 장난감처럼 가지고 놀 수 있는 간편한 악기를 소개해 보려고 합니다.

♪ 이런 악기는 어때요?

타악기

타악기 하면, 보통 드럼을 떠올리는 분들이 많습니다. 드럼은 양손과 발을 사용한다는 점에서 피아노랑 비슷하지만, 처음부터 동시에 양손과 발을 사용해야 한다는 점에서 차이가 있습니다. 피아노처럼 한 손으로 건반 하나를 누르는 것과는 달리, 모든 게 동시다발적으로 이루어져야 하죠. 베이스 연주를 위해서 발도 움직여야 하고 양손을 사용해서 하이탐, 로우 탐, 스네어, 하이햇, 심벌 등을 연주해야 합니다. 보는 것과 다르게 생각보다 어려운 악기입니다.

본격적인 드럼 교육은 8세 이후의 아이에게 추천드립니다. 리듬을 잘 다루어야 하는 악기이므로, 본격적으로 드럼을 배우기 전, 유아 시기에 다양한 타악기를 접해보며 리듬감을 키워주는 게 도움이 됩니다.

연습용 간편 악기로 추천하는 것 (1)

다양한 크기나 여러 종류의 드럼 젬베, 봉고, 콩가, 핸드드럼 등 두 가지 이상을 두고 비교하며 연주해 볼 수 있으면 좋습니다. 심벌을 추가해서 그럴듯한 드럼 구성을 만들어 주어도 아이가 좋아합니다. 다양한 드럼을 가지고 놀다가 동요에 맞춰서 연주하는 행위를 통해 자연스레 리듬감을 향상시킬 수 있습니다. 또한 드럼을 치며 스트레스를 푸는 아이의 모습도 덤으로 발견하실 수 있을 겁니다.

현악기

현악기를 말하면, 아마 많은 부모님들이 기타와 바이올린을 떠올릴 것입니다. 특히 바이올린은 피아노만큼이나 주위에 배우는 아이들이 많고 악기 또한 쉽게 구할 수 있어 아이들이 배우기 친근한 악기입니다.

바이올린 연주는 자세와 활의 각도에 따라서 소리가 달라지는 예민한 악기이므로 아이가 얼마나 바른 자세를 유지할 수 있는지가 중요합니다. 또한 피아노와 달리 본인이 정확한 음을 찾아가며 배워나가야 하는 악기이기에 소리에 민감하게 반응해야 합니다. 때문에 절대음감을 키우는데 큰 도움이 되기도 하지만, 반대로 절대음감을 발달시키지 못하면 아이에게 큰 스트레스가 될 수도 있습니다. 그렇기에 바이올린 교육은 초등 이후부터 진행하는 게 적절합니다.

아이가 바이올린에 관심이 많고, 배워보고 싶어 한다면 먼저 아이가 바이올린과 친해질 시간을 충분히 주는 게 필요합니다. 전문교육기관에서 마치 놀이처럼 시작해 보는 것도 나쁘지 않습니다. 이때, 유아 대상으로 음악 수업을 많이 진행해 본 선생님을 만나면 금상첨화입니다.

연습용 간편 악기로 추천하는 것 (2)

우쿨렐레 우쿨렐레는 크기가 기타의 1/4로 작아 휴대가 용이하고, 가격이 저렴하며, 4개의 줄로 이루어져 있어 연주하기가 비교적 쉬운 악기입니다. 실제로 많은 아이들이 우쿨렐레를 배우고 또 즐기고 있지요. 우쿨렐레 연주를 통해 현악기에 대한 개념을 아이가 자연스럽게 알 수 있습니다.

건반악기

가장 흔하고 접하기가 쉬운 악기입니다. 건반 악기의 대표라고 한다면 단연 피아노이겠지요. 아이가 상대음감이나 절대음감이 아니더라도 수업하는데 전혀 무리가 없습니다. 아이가 '도'를 찾아서 건반을 누르면, 정확하게 '도' 소리가 나죠. 건반을 누르는 대로 정확한 음정을 들을 수 있어 아이의 입장에서 쉽게 배울 수 있고, 부담이 적습니다. 성장 과정에서의 신체적 제한 또한 상대적으로 다른 악기들에 비해 덜 받아, 3~4세 아이는 건반악기를 장난감처럼 가지고 놀며 음계를 익힐 수 있습니다. 5세 정도가 되면 본격적으로 배움을 시작할 수 있습니다.

연습용 간편 악기로 추천하는 것 (3)

장난감 피아노 장난감 피아노만으로도 얼마든지 건반악기에 대한 아이의 관심도를 파악해 볼 수 있습니다. 부모와 함께 마음대로 건반을 누르며 연주해 보고, 노래도 흥얼거리며 건반악기에 대한 애정을 키워나가는 것이지요.

디지털 피아노 만약 아이가 6세 이상이고, 피아노에 익숙해졌다면 디지털 피아노도 추천합니다. 볼륨 조절이 가능하기에 마음껏 연주해도 층간 소음의 문제가 없어 연주의 제한이 적습니다. 디지털 피아노에는 다양한 악기 소리도 내장되어 있어, 아이와 함께 간접적으로나마 다양한 악기 체험이 가능합니다.

관악기

관악기 하면 무엇이 떠오르시나요. 아마 플루트, 클라리넷을 가장 선호하고 또 많이 알고 계실 것입니다. 두 악기 모두 다른 관악기에 비해 휴대하기 간편하고, 독주로도 연주가 가능하여 나이대 상관없이 많이 배우는 악기입니다.

다만, 관악기는 호흡을 통해 소리를 내는 악기로써, 아직 호흡기관이 발달 중인 유아 시기의 아이들에겐 어렵습니다. 호흡기관이 어느 정도 발달했다 하더라도 연주 시 충분한 폐활량이 있어야 하고, 호흡법과 동시에 운지법도 신경 써야 하는 까다로운 악기이기 때문에 운지에 무리가 없는 10살 이후의 아이들이 배우는 것을 추천합니다.

연습용 간편 악기로 추천하는 것 (4)

휘슬, 카쥬, 오카리나 입으로 불면 소리가 나는 장난감으로 만들어진 악기를 먼저 구입해 가지고 놀게 해 봅시다. 간편하게는 휘슬이 좋습니다. 휘슬마다 다양한 소리가 나는데, 그중엔 새소리가 나는 것도 있고 기차 소리가 나는 것도 있습니다. 슬라이드 휘슬은 당기면 변화하는 소리를 느껴볼 수 있어 호흡을 통해 연주하는 악기 종류에 대한 아이의 흥미를 끌어올리는 데 좋습니다. 또 단음으로 된 오카리나도 좋습니다. 아이가 자신의 호흡으로 소리를 낼 수 있다는 점을 신기해하며, 자주 가지고 놀 것입니다.

이렇게 다양한 악기군과 종류가 있습니다. 우리 아이는 과연 어떤 악기에 관심을 가질까요? 시간과 여유를 두고 아이와 함께 악기에 대해 알아보고 공부하며 친해지는 시간을 가지도록 해봅시다. 악기나 연주에 관한 그림책 또는 동화책을 준비하여 아이와 함께 보는 시간을 가져보는 것도 좋습니다.

이를 통해 아이는 특정 악기에 관심을 가지게 될 수도 있고, 부모는 많은 악기 중에서 우리 아이가 어떤 악기에 흥미가 있는지 수월하게 파악할 수 있습니다. 동화책을 함께 본 후에는 실제 악기를 연주하는 동영상을 찾아서 아이와 함께 보는 시간을 가져봅시다. 또래 아이들이 연주하는 영상도 좋고 어른들이 연주하는 영상도 좋습니다. 골고루 찾아서 보도록 합니다. 클래식 곡 연주만 찾아서 보기보다는 아이가 지루해하지 않도록 동요나 애니메이션 주제가를 연주하는 영상도 함께 찾아서 보면 좋겠습니다.

음악 교육에서 가장 중요한 것은 우리 아이가 관심을 가지는 악기가 무엇인지를 파악해 그 악기를 자주 접할 수 있는 환경을 만들어 주도록 하는 것입니다. 아이에게 배울 시간은 앞으로도 많고, 지치지 않고 끈기 있게 배워야 내 아이의 진짜 취미와 실력이 된다는 점을 잊지 말도록 합시다.

우리 아이가 작곡가?

아이들은 어른보다 상상력과 표현력이 뛰어납니다. 특히 미취학 아동과 초등 저학년 아이들은 머릿속으로 무한한 상상을 하는 시기로, 자신의 세계에서 다양한 생각과 꿈을 자유롭게 펼치며 성장합니다. 우리 어른들이 눈치 주지 않고, 맞다 틀렸다 판단만 하지 않으면 아이들은 우리의 생각 이상으로 멋진 상상을 하고, 그것을 훌륭하게 표현합니다. 모든 아이들은 작곡가입니다. 우리 어른들이 할 일은 그저 아이가 가지고 있는 고유의 감성을 인정해 주고 함께 느껴주면 되는 것입니다.

♪ 자유로운 환경 만들어주기

풍부한 감성으로 넘쳐나는 10세 이전의 아이들은 모두 작곡하는 능력과 작사하는 능력을 가지고 있습니다. 단지 어떻게 표현하는지 그 방법을 아는 아이와 모르는 아이로 나뉠 뿐이지요. 자유로운 환경에서 자신의 의사를 존중받고 자란 아이는 자신의 감정 표현이 쉽습니다. 그러다 보니 작곡 · 작사를 재미있는 놀이처럼 생각하고, 표현하는 것을 스스럼없이 해냅니다.

반면, 그 반대의 환경에서 자라는 아이들은 감정 표현을 어려워합니다. 그렇다 보니, 자신의 무한한 음악적 표현 능력을 발휘하지도 못한 채 그대로 묻어버리는 경우가 많습니다. 표현을 하지 않으니, 즉, 아이가 자유롭게 자신의 생각을 표현할 수 있는 상황이 주어지지 않으니 부모는 '우리 아이는 음악에는 조예가 없다.'라고 치부해 버리는 실수를 범하기도 하지요.

여러 아이들과 수업을 해보니 악보를 보고 그대로 치는 걸 싫어하는 친구들이 자신의 색깔이 강한 경우가 많습니다. 자신의 색을 드러내고 싶어 하고, 무언가 새로운 걸 만들어 내고 싶은 성향이 강한 아이들인 것이지요. 그런 친구들에게, "틀리지 말고, 악보 똑바로 보고 10번 쳐!" 하는 주입식 교육이 과연 어떤 의미가 있으며, 아이에게 어떤 도움을 줄까요? 생각해 볼 문제인 듯합니다.

제가 운영하고 있는 음악센터에 다니는 친구들 역시 작사 · 작곡이 자유롭습니다. 아이들에게 자신만의 곡을 만드는 일은 즐거운 놀이인 것이죠. 그날그날 기분에 따라 멜로디를 만들고 가사를 적어나갑니다. 아이들마다 가사를 먼저 적는 아이도 있고, 멜로디 라인을 먼저 만드는 아이, 리듬을 먼저 정하는 아이 등등, 아이들은 자신만의 다양한 방법으로 곡을 만들어 나갑니다. 어른들이 아이들의 창의력에 손대지만 않으면 멋진 곡이 탄생합니다. 어른의 역할은 아이들의 생각을 이끌어내는 도우미 역할로서 충분하지, '별로다', '좋다'를 판단하는 건 필요하지 않습니다.

자신의 생각을 노래로 만들어 적어내는 것이 처음부터 쉬운 것은 아닙니다. 보통 주입식으로 피아노를 배우다가 온 친구들이 그렇습니다.

"선생님 정답이 뭐예요?"

"선생님 모르겠어요."

그런 아이들 대부분이 악보를 보고 악기를 연주하는 건 익숙하지만, 아무것도 없는 오선지에 자신이 직접 가사를 적고 멜로디를 만드는 것은 어색하고 어렵게 느낍니다. 아무래도 스킬 위주의 음악 교육을 받다보니 오선 교재를 보고 그대로 연주하는 것만 훈련이 되어 있어 무언가를 채워나가야 하는 일에 부담감을 느끼는 것이지요.

그런 친구들은 창의적 생각을 이끌어내고, 그 생각을 말로 내뱉어 보고, 말을 가사로 만들어보는 훈련부터 차근차근 진행해 나가야 합니다. 방법을 알아가도록 도와주되, 아이가 주체가 되어야 합니다.

"선생님의 생각이 들어가면, 그건 너의 곡이 아니고 선생님의 곡이 되는 거야!"

저는 아이들에게 항상 이렇게 말을 해줍니다. 모든 아이들이 자신의 힘으로, 자신이 가진 고유의 색을 드러내는 방법으로 작사 · 작곡을 해보았으면 합니다.

그렇다면 자신의 생각을 표현하는 한 방법으로 작곡과 작사를 하는 것이 우리 아이들에게 얼마나 큰 도움을 주고, 어떤 좋은 점이 있을까요?

- 표현력이 좋아진다.
- 창의력을 발휘할 수 있다.
- 자신의 고유의 색을 정착해 나간다.

많은 부모님들이 아이가 악기를 배우는 것보다 작사 · 작곡을 배우는 것에 대해 많은 의문을 가지고 어렵게 느낍니다. 이런저런 좋은 이유가 있지만, 우리 아이들이 가지고 있는 창의성을 발휘하고 표현하기 가장 좋은 것 중에 하나가 자신의 노래를 만들기인 것은 확실합니다.

모든 아이는 훌륭한 작곡가입니다. 내재되어 있는 창의력을 잘 표현해 낼 수 있도록 우리는 격려해 주고 응원해 주면 됩니다. 아이에게 내재된 작곡 · 작사의 능력을 잘 키워주기만 한다면 우리 아이는 훌륭한 작곡가가 될 수 있습니다. 원석을 보석으로 만들기 위해 다듬는 노력과 시간이 필요할 뿐이지요.

제가 음치인데 우리 아이도 음치일까요?

아이를 키우면서 자주 느끼는 점이 있습니다. 바로 '유전자는 거짓말을 하지 않는다.'라는 것이지요. 상담을 할 때면, 부모님들이 작은 목소리로 저에게 물어보십니다.

"선생님, 우리 아이 음치 맞죠?"

"제가 음치라서 우리 아이도 아마 음치일 거예요."

이러한 질문에 저는 일단 이렇게 대답해드립니다.

"부모가 음치이면 아이 또한 음치일 가능성이 높습니다."

그러나 너무 걱정하시기 말길 바랍니다. 우리 아이가 음치일지라도 만 7세 이전이라면 충분히 고칠 수 있습니다.

음악 교육을 하면서 음치인 아이들은 자주 만나게 됩니다. 저는 그 친구들에게 일주일에 한 번, 5분 내외의 시간을 투자해서 음치 극복을 도와줍니다. 음악 수업 중 자연스레 노래를 부르며 음정을 잡아주는 것이지요. 그 짧은 시간들이 모여 어느덧 아이는 자신 있게 노래를 부르게 되고 노래 부르는 걸 좋아하는 아이가 됩니다. 제가 겪었던 실제 사례입니다.

"선생님. 우리 ○○이, 다른 것보다 음치 좀 고쳐주세요."

7살의 자녀를 둔 부모가 상담을 온 적이 있었습니다. 부모는 다른 음악 경험보다도 아이의 음치 치료에 신경 써 달라고 부탁했습니다. 아이는 꾸준히 일주일에 한 번씩 수업을 하며 자연스럽게 노래하고 음정을 맞추는 훈련을 했습니다. 몇 달이 지난 후, 부모님께서 밝은 표정으로 말했습니다.

"선생님, 우리 아이가 요즘은 노래 부르는 것을 자신 있어 해요. 그래서인지 자주 노래를 부르고 놀아요. 음정도 맞고요. 정말 감사합니다."

이렇듯, 음치인 아이를 위해선 지속적인 음악적 환경의 노출이 중요합니다.

♪ 예술과 친하게 지내기

'음악적 환경의 노출.' 거창한 말인 것 같지만, 알고 보면 지금도 실천하고 있거나 당장 시작할 수 있는 것들이 많습니다. 우리 집의 어느 공간에서든 아이가 음악을 들을 수 있도록 작은 블루투스 스피커를 놓아주세요. 그날 기분에 따라서 혹은 날씨에 따라서 음악이 흘러나오게 하는 것입니다. 음악을 즐겨 듣고 다양한 음악을 듣는 것만으로도 아이는 예술과 조금 더 가까워지고 예술 속에서 자랍니다.

기회가 되면 아이와 함께 즐길 수 있는 공연도 보러 가도록 합시다. 살고 있는 지역에서 진행하는 정기 공연, 특히 도 · 시립교향단의 정기 연주회는 언제든 보러 갈 수 있다는 점에서 큰 도움이 되지요. 각 지자체에서 개최하는 음악제에 참여하는 것도 아주 훌륭합니다. 다양한 아티스트들이 참여하는 퀄리티 높은 공연들을 아이와 함께 즐겨보세요. 이에 더해 유명 연주가의 독주회 및 독창회, 오케스트라 콘서트 등을 찾아다니는 것도 좋습니다. 음악적 경험에만 한정 짓지 말고 아이가 많은 예술적 경험을 할 수 있도록 미술관 투어, 전시관, 도서관 등에 가보는 것도 추천합니다. 공연 및 전시에 관한 좋은 정보를 알려면, 부모가 항상 관심을 두고 찾아봐야 합니다.

아이가 태어나면서부터 10살까지는 우뇌가 활발히 발달하는 시기입니다. 우뇌는 예술적인 부분을 담당합니다. 음악, 그림 등 감각적이고 창의적인 활동을 도우며, 공간지각 능력에 개입해 길을 잘 찾을 수 있도록 하죠. 그러나 안타깝게도, 우리나라 대부분의 부모들은 우뇌가 발달하는 9세 이전의 시기에 국 · 영 · 수 위주의 주입식 교육을 많이 시키고 있는 실정입니다. 어린 시기에 주입식 교육이 주는 효과는 미비함에도 불구하고 말이죠.

반면, 핀란드에서는 7세 이전의 글자 교육은 법으로 금지되어 있습니다. 8살 이후가 되면 더욱 빠르게 습득이 되는 것들을 굳이 어린 시기에, 주입식으로, 오랜 시간 공들일 필요는 없다는 생각이지요.● 그럼에도 핀란드는 OECD 국가 중 언어 능력이 가장 뛰어납니다. 대신 그 시기에 아이가 다양한 경험을 할 수 있도록 합니다.

저와 같은 전문 음악 선생님을 통해 음치 치료를 한다면 더 좋겠지만, 여의치 않다면 집에서도 음치 치료가 가능합니다. 부모와 함께 놀이를 하며 충분히 음정을 잡아줄 수 있습니다. 먼저 정확한 음정을 내는 악기 ex. 피아노로 아이에게 음을 들려준 뒤, 아이가 직접 소리 내는 행위를 반복적으로 함께 연습해 봅시다. 먼저 잘 들어야 비슷하게 소리를 낼 수 있으므로, 아이가 음을 잘 들을 수 있게 도와줍니다. 잘 듣는 아이가 소리도 잘 내기 때문입니다.

모든 것에는 적절한 시기가 있고, 그 시기를 잘 맞추면 금상첨화입니다. 아이들에게 리듬감과 음감을 키워줄 수 있는 그 시기가 바로 10세 이전, 특히 4세~7세가 가장 적기입니다. 독자들 중에, 음치인 아이를 가진 부모님이 있다면, 아이를 그대로 내버려 두지 맙시다. 아이에게 관심을 가지며 음악적 환경에 자주 노출시켜주고, 동요를 많이 들려주며, 자신의 목소리를 내어 노래를 부를 수 있도록 도와줍시다. 노래 부르는 걸 좋아하고 행복을 느끼는 아이로, 그렇게 부모와 함께 음치를 극복해 나가는 건 어떨까요?

● OECD (2013), OECD Skills Outlook 2013: First Results from the Survey of Adult Skills, OECD Publishing.

'잘한다'의 기준은 무엇인가요?

우리가 TV를 보거나 음악을 듣다가 흔히 하는 말이 있습니다. "어머, 저 가수 노래 진짜 잘하지 않아?", "저 가수가 노래를 부를 때마다 감동을 준다." 등등. 요즘의 분위기는 예전처럼 고음을 잘 낸다고 해서 무조건 노래를 잘한다고 이야기하지는 않은 듯합니다. 물론 높은 고음을 무리 없이 소화하는 가수들 또한 여전히 많은 인기와 존경을 받지만, 단순히 그것만으로 노래를 잘한다고 인정하는 시대는 지난 것 같습니다.

그렇다면 요즘의 '잘한다'라는 의미는 어떤 것일까요. 제가 생각할 때 그걸 결정짓는 요소는 '가수가 가진 고유의 색'인 것 같습니다. 길을 걷다 흘러나오는 노래를 우연히 듣고 어떤 가수의 곡인지 알 수 있었던 적 있나요? 그것이 바로 그 가수 고유의 색입니다. 가수만의 고유의 색은 비슷하게 흉내는 낼 수 있을지언정, 완전히 훔쳐 오지는 못합니다. 모창을 잘 하는 사람을 두고 '색깔이 특이하다.', '개성이 있다.'와 같은 이야기를 하지 않는 것만 봐도 그러합니다. 자신만의 색깔이 강한 사람일수록 사람들의 기억에 더 오래 남고 각인이 잘 되는 법이죠.

♪ 비교가 아닌, 아이가 가진 개성을 발전 시키기

아이를 키우는 부모들이 모이면 하는 말이 있습니다.

"oo가 피아노를 엄청 잘 친대."

"oo는 바이올린을 되게 잘한대."

춤을 잘 춘다. 그림을 잘 그린다. 악기 연주를 잘한다……. 잘하고 못하고의 판단이 어려운 예술 분야에서 그런 이야기가 오고 간다는 것이 저는 많이 아쉽고 속상합니다. 우리는 언제나 '잘한다' 혹은 '못한다'로 누군가를 판단하는 것에 익숙해져 있는 건 아닌지 생각해 볼 문제입니다.

제가 운영하는 음악센터에 오는 부모님들이 이런 이야기를 종종 하곤 합니다. "원장님, 저 애는 피아노 되게 잘 치네요.", "원장님 딸은 피아노 되게 잘 치죠? 왠지 그럴 거 같아요." 이런 말들을 들을 때마다 마음이 아픕니다. 아이의 음악은 비교로 완성되는 게 아닌데 말이지요. 교육자 입장인 제가 보기에는 비슷한 실력과 수준인데, 부모들의 기준에는 그렇지 않은가 봅니다. 남의 떡이 더 커 보이듯, 내 아이보다 더 잘 치는 것처럼 보이고 들리는 심리인 것 같습니다.

부모들의 '잘한다'의 기준은 내 아이와 다른 아이의 비교에서 시작되는 것은 아닐까요? 우리 아이보다 아주 조금이라도 더 잘하면 '저 아이는 잘하는데, 우리 아이는…….' 하고 생각하게 됩니다. 반대로 내 아이가 더 잘하는 것 같으면 그 아이는 못하고 내 아이가 잘하는 건 당연시 되어버리고 맙니다.

저는 음악 교육현장에서 15년 넘게 아이들을 가르치면서도 부모님들이 자신의 아이에 대해 이야기를 할 때, 한 번도 자신의 아이가 가진 개성이나 색에 대해 이야기를 하는 것을 들어본 적이 없습니다. 반면, 아이들은 각자 가지고 있는 개성과 음악 고유의 색을 잘 알고 있습니다. 아이들은 종종 저에게 이렇게 말합니다.

"○○이는 피아노를 되게 즐겁게 연주하는 것 같아요. 꼭 무지개처럼 환하고 기분 좋은 느낌이 나요."

"○○는 통통 튀는 느낌이 들어요. 네온 빛 핑크 같아요."

아이들 또한 저마다 연주할 때의 느낌이 있고, 고유의 색깔을 가지고 있습니다. 그러니 단순히 이분법적으로 잘하고 못하고를 따지고 타인과 비교하는 것이 아니라, 아이가 어떤 고유의 색을 가지고 있는지 느끼게 해주는 건 어떨까요. 아이가 자신만의 색을 만들어가며 연주를 할 수 있도록, 자신의 개성을 담아 자유롭게 색을 표현할 수 있도록 어른들은 그저 커다란 도화지가 되어주는 것입니다. 그것이 내 아이만의 고유한 예술성과 색을 만들어 가는데 가장 큰 도움이 되는 것 아닐까요? 단순히 타인과의 비교를 통해 얻어진 단편적인 기준 말고, 내 아이만의 색을 발견해 주세요.

실제로, 자신이 좋아하고 잘하는 일을 하며 삶의 만족도가 높은 사람들의 공통점 중 하나가 어린 시절 부모님이 비교하는 말을 하지 않았고, 있는 그대로의 자신을 응원해 주었던 기억이 많았다는 것입니다.

다시 말하지만, 모든 아이는 천재성을 지니고 있습니다.

음악, 어느 정도까지 교육 시키는 게 좋을까?

아이들에게 음악을 가르치려는 이유가 무엇인가요? 아마 대부분의 부모님들이 처음부터 아이의 대학 전공 혹은 미래의 직업까지 고려하며 시작하지는 않을 것입니다. 물론 부모의 기대가 전혀 묻어있지 않다면 거짓말이겠지만, 아이가 음악을 좋아하는 모습을 보고 좀 더 전문적인 음악 지식을 아이에게 주고 싶다는 이유로 음악 교육을 계획합니다. 이외에도 뉴스나 책 등 각종 매체에서 '어린 시절 음악 교육의 긍정적 효과'에 관한 내용을 접했다거나, 초등 고학년 이후부터는 학업에 집중해야 하니 그전에 가르치고 싶어서라는 이유도 있습니다.

"선생님, 우리 애 전공시킬 건 아닌데……."

저는 부모들에게 이런 이야기를 무수히 듣습니다. 이 말 안에는 여러 뜻이 포함되어 있습니다. 대학이나 직업으로 삼을 만큼 시킬 건 아니지만, 한편으로는 그 정도로 잘했으면 좋겠다는 생각. 아이가 나이가 들어갈수록 공부할 것이 많아질 것이기에 깊게 오랫동안 가르칠 마음은 없으나, 전혀 안 가르치자니 걱정되는 마음. 아이가 너무 스트레스받지 않게 배웠으면 좋겠지만, 그렇다고 대충 배우지는 않았으면 하는 바람 등.

♪ 취미로써의 음악도 충분하다

제가 운영하는 음악센터에 다니는 한 아이의 이야기입니다. 아이의 부모님은 어릴 때부터 피아노를 좋아하고 또 오랜 시간 배웠지만, 자신의 전공 및 직업으로 정하지는 않았습니다. 그러나 삶에서 많은 긍정적인 영향을 받아 가고 있기에, 자신의 아이 또한 어릴 때부터 재미있게 피아노를 배웠으면 좋겠다고 했습니다. 실제로 그 아이는 음악을 즐겁게 배워나가고 있습니다.

꼭 전공이나 관련된 직업이 아니더라도, 음악에 대한 배움은 아이가 어떤 직업을 가지던 삶을 더욱 풍성하게 만들어 줍니다. 음악은 우리의 가슴을 파고들어 기분 전환을 시켜주기도 하고, 어느 날은 슬픔에 위로를 안겨주기도 합니다. 삶의 균형을 맞춰주고 일상을 살아갈 힘을 주는 것이지요.

또한 음악을 배운 경험은 삶의 여러 부분에서도 도움이 됩니다. 이전의 음악 교육의 필요성 부분에서 설명했듯18~27p 청각음악을 듣고, 시각악보를 보고, 촉각악기를 연주하고을 사용했던 경험이 자신도 모르게 다져지면서 어른이 되어서도 여러 가지 일을 수행하는 데 도움이 됩니다. 그런 음악을 늘 곁에 두고 평생의 취미가 될 수 있도록 만들어주는 것은 아이에게 건네는 또 다른 삶의 선물일 수 있습니다.

♪ 목적보다는 가능성을 염두하자

유아 음악 교육전문가로서 수년간 많은 아이들을 가르쳐오고, 많은 부모님들을 만나온 제가 조심스럽게 말씀드리고 싶은 것은 아직 닥쳐오지 않은 미래의 것들을 걱정하고 미리 선을 그어놓기보다는 많은 가능성의 문들을 활짝 열어두길 바란다는 것입니다.

아이들이 앞으로 커서 어떤 직업을 가지고 살아갈지, 직업이 하나일지 여러 개 일지 아무도 모릅니다. 또한 어떤 꿈을 꾸며 인생을 살아갈지 감히 예상조차 할 수 없는 나이가 바로 우리 아이들의 나이입니다.

음악을 오랜 시간 배웠다는 이유만으로 그것이 전공과 직업으로 이어져야 할 이유는 없습니다. 또 음악을 전공한다고 해서 길이 연주자만 있는 것도 아닙니다. 세상에 다양한 직업이 있는 만큼, 자신의 적성에 맞고 좋아하는 일을 하는 것이 중요합니다.

중요한 것은 아이의 생각입니다. 부모의 눈으로 아이의 미래를 재단하는 것이 아닌, 아이의 입장에서 아이의 눈으로 배움의 지속성을 그리고 미래를 결정할 수 있게 해주세요. 아이는 커가면서 선호하는 것이 달라지고, 시기마다 관심 분야가 달라질 수 있습니다. 이 과정에서 **"이건 진짜 나랑 맞아."**라고 할 수도 있고, **"생각보다 나랑 안 맞아."** 할 수도 있는 것입니다. 부모가 해야 할 것은 아이가 원하는 것을 즐겁게 꾸준히 잘 배울 수 있도록, 슬럼프가 와도 잘 이겨낼 수 있도록 높은 자존감과 자신감을 키워주는 것입니다.

이러한 다양한 경험들이 어우러져 아이는 자기 자신을 알아가고, 그러한 생각의 과정들이 쌓여 아이의 인생이 빚어지는 것입니다. 그러니 오늘부터 아이가 어떤 배움을 시작하더라도, '어느 정도까지 가르쳐야 하지' 하는 마음은 조금 놓아두는 건 어떨까요?

스스로 자신이 하고 싶은 것을 찾아 공부하는 사람의 행복도가 높은 건 따로 연구 결과를 가져오지 않아도 알 수 있습니다. 아이들이 바르게 잘 자라고 자신이 만족하는 삶을 살아가도록 도와주려면, 부모가 전공을 정해주거나 어른의 판단대로 유도하는 것이 아니라, 아이 스스로 찾아갈 수 있게 도와주는 조력자가 되어야 합니다.

한글을 떼야지만 음악을 배울 수 있다?

아이가 태어난 뒤 어느 정도가 지나면, 걷고 뛰고 모든 것에 호기심을 보이는 나이가 옵니다. 그때 부모는 아이를 조금 더 자세히 관찰하게 되고, 우리 아이가 관심을 가지는 분야를 공들여 찾게 됩니다. '혹시 전문적으로 교육을 해주는 곳이 있나?' 하는 생각으로 아이가 관심 가지는 분야에 대해 알아보게 되지요.

♪ 7세 이전은 어려서 음악 수업이 어렵다?

"선생님 우리 아이도 피아노 배울 수 있을까요?"

실제로 아이의 손을 잡고 저를 찾아온 부모님들이 많이 하는 질문입니다. 이 질문에는 각기 다르겠지만 2가지의 공통적인 우려가 함축되어 있는 듯합니다.

❶ 아이가 어리다.

❷ 아이가 아직 한글을 모른다.

그러나 아이가 7세 이전일 때 시켜 줄 수 있는 교육에는 사실 한계가 있습니다. 아무래도 우리나라의 대부분의 교육 현장이 이론 수업을 중요시하는데, 한글을 모르면 이해도가 떨어질 수 있기 때문입니다. 또한 아이가 어릴수록 교육보다 보육이 우선시되기 때문에, 힘이 든다는 이유로 어린 친구들 수업을 꺼리는 선생님도 종종 보입니다.

아이가 음악에 많은 관심을 보이게 되면, 대부분의 부모들이 우선적으로 찾는 곳 중 하나가 집 근처에 있는 피아노 학원입니다. 그러나 돌아오는 대답은 한결같죠..

"아이가 너무 어려서 안돼요. 나중에 좀 크면 그때 보내주세요."

피아노 학원은 피아노만을 전문적으로 가르치는 곳이기 때문에 선생님의 말도 마냥 틀리지는 않았습니다. 그런데 어리다고 음악을 배울 수 없는 것은 아니지요. '어려서 안 돼요', '크면 보내주세요.' 이렇게만 말을 하면 듣는 부모의 입장에서는 '아, 우리 아이가 너무 어려서 수업이 안 되는구나. 그럼 더 커서 보내야 되겠네.' 하고 생각하게 됩니다.

그런데 7세가 되어도 한글을 읽지 못할 수 있습니다. 음악 수업을 할 수 있는 기준이 한글이 되어버리는 현실이 안타깝고 속상합니다. 음악 수업은 한글과 수를 알아야만 할 수 있는 것이 절대 아닌데 말이지요.

사실 피아노 학원 선생님의 솔직한 대답은 아마 이러할 것입니다.

"여기는 피아노를 전문적으로 가르치는 곳이라, 유아 음악을 할 수 있는 환경이 아니에요. 또 제가 유아들에게 음악 수업을 하는 선생님이 아니라서 저희 학원에서는 수업이 안 돼요. 유아 음악을 전문적으로 하는 곳을 알아보시는 게 좋을 것 같아요."

7세 이전의, 특히 4~5세의 유아에게 음악을 가르치는 건 초등학생 아이들의 피아노 수업과 다릅니다. 선생님이 따로 공부를 많이 해야 하는 분야이지요. 아이가 어려서 수업이 안 되는 것이 아니고, 선생님이 유아 음악 공부를 하지 않아서 수업이 안 되는 게 맞는 대답입니다.

현재 유아들에게 음악 수업을 하고 있는 선생님들은 자신의 전공과 상관없이 따로 유아 음악 교육을 이수를 받고 여러 기관에서 유아들을 대상으로 음악 수업을 진행하고 있습니다. 모든 일이 그러하겠지만, 유아에게 음악 수업을 하는 것 역시 경력을 쌓아야 자유로운 수업이 가능한 분야입니다. 많은 아이들을 만나보고 수업을 해본 선생님들이어야 자신 있고 올바르게 유아들에게 음악 수업 진행합니다.

유아 음악은 아이들의 발달단계를 알고 있어야 함은 물론이고, 그에 맞춰 음악적인 요소를 어떤 방법과 방향으로 풀어서 수업할지가 중요합니다.

7세 이전, 한창 말을 배울 때입니다. 아이는 '듣고-말하고-읽고-쓰고'의 순서로 언어를 배우게 됩니다. 이는 말에만 적용되는 순서는 아닙니다. 음악을 배울 때에도 꼭 필요한 순서입니다.

❶ 듣고 : 아이가 좋아하고 관심 있는 음악 들려주기.

❷ 말하고 : 노래 부르기, 몸으로 표현하기, 다양한 리듬악기 연주하기.

❸ 읽고 : 악보 읽는 것을 천천히 익히기

❹ 쓰기 : 악보를 기보하는 법 배우기

그러나 음악 교육 시 듣고 말하는 단계를 지나쳐 버리고, 바로 악보를 읽고 기보하는 수업으로 들어가 버리기 때문에, '아이가 어려서, 혹은 한글을 알지 못해서 음악을 배울 수 없다'가 되어버리는 것입니다.

음악 수업과 피아노를 처음 시작하는 나이가 7세 이전이든 이후든 사실 크게 상관이 없고, 한글 수를 몰라도 배우는데 아무런 문제가 되지 않습니다. 단지 아이 스스로가 배우고 싶어 하는지, 또 우리 아이를 잘 이끌어 줄 수 있는 선생님을 만나는지 그것이 중요합니다.

아이가 음악에 관심을 가지고, 그래서 전문적인 음악 교육을 시켜보고 싶으시다면 내가 사는 지역에 유아들을 위한 수업을 진행하는 음악 전문센터를 먼저 찾아보고 그곳을 방문해 보는 걸 추천드립니다.

♪ 7세 이전, 아이의 음악성이 완성된다

"7세 이전에는 우뇌가 활발하게 발달한다."

이런 이야기를 들어보았을 것입니다. 많은 노력을 하지 않아도 자연스럽게 발달하는 시기에는 적절한 노출만으로도 음악성을 키워주기가 수월합니다. 그 적기가 바로 7세 이전이지요.

어린아이들은 모든 감각에 예민하게 반응합니다. 특히 한글을 떼기 전인 7세 이전에는 모든 것을 자연스럽게 감각적으로 받아들이지요. 마치 낚싯대로 갓 잡은 생선을 끌어올리듯이 조금만 자극을 주어도 아이들의 여러 감각을 민감하게 그리고 깊이 있게 발달시킬 수 있습니다.

7세 이전의 아이들은 날것 그대로의 음악 표현과 리듬감, 음감, 창의성을 최대로 누려볼 수 있는 시기입니다. 본인의 기분, 감각, 느낌을 표현하는 데 있어서 자신감이 있고 부끄러워하지 않습니다. 자신만의 세계에서 자신의 방식으로 표현해낼 수 있는 나이입니다. 누군가 시키거나 지시해서 하는 것보다 스스로의 감각을 믿고 자유롭게 연주하며, 남의 시선보다 나 자신의 느낌을 더 먼저 생각하고 표현합니다.

7세 이전은 문자에 집중하기보다 감각에 집중하는 것이 더 적절한 시기라 할 수 있습니다. 오히려 글을 읽기 시작한 순간부터 '글자' 자체에만 집중하게 되어 상상하는 과정을 생략해버리는 일이 종종 발생합니다. 있는 그대로를 외우고 읽어 나가는 문자 교육과 다르게, 음악은 감각적으로 받아들여야 하는 대상입니다.

그런데 우리 나라 부모들은 거꾸로 생각하는 경향이 많은듯 합니다.

'한글도 모르는 아이한테 무슨 음악 교육이야?'라고 말입니다. 안타까운 현실입니다.

어떤 교육이든 적기에 적절한 교육을 시켜주는 것이 아이에게 가장 자연스럽고 좋은 것입니다. 그러나 가장 좋은 건 내 아이가 원하는 시기입니다. 그 시기가 교육의 시기와 딱 들어맞으면 금상첨화이죠.

♪ 한글을 알기 전 음악을 알아야 하는 이유

음악 교육은 자연스럽게 아이의 신체적 성장 및 인지발달을 돕습니다.

노래 부르기는 자연스럽게 날숨을 위한 근육과 폐의 속도를 조절할 수 있도록 만듭니다. 또한 폐수 용량을 확장하고 호흡과 발성을 적극적으로 끌어내 호흡량을 증진시킵니다. 즉, 아이가 말을 할 때 안정된 호흡을 유지할 수 있도록 돕는 것이지요. 동시에 음성의 명료도도 높여줍니다. 노래 부르기를 통해 호흡과 발성의 기초를 다진 아이는 다른 아이들보다 말을 정확하면서도 빠르게 하는 모습을 보입니다. 말하기가 빠르니 글자도 더 쉽게 이해하는 건 당연한 결과이죠. 그뿐만 아니라, 노래는 음성언어 위에 선율과 리듬을 추가하여 감정을 표현하는 수단으로써 아이의 표현력을 향상하는데 도움을 줍니다.

악기 연주는 신체의 여러 감각을 사용해야 하는 행위입니다. 악기를 연주하기 위해서는 대근육과 소근육을 함께 써야 하고, 시각 · 촉각 · 청각 등 여러 감각들을 동시에 사용해야 합니다. 영유아 시절의 음악 교육은 전반적인 신체적 발달에 큰 도움을 줍니다.

아이가 한글을 완벽히 알지 않아도, 아이에게 음악 교육은 가능하며, 되려 그 시기의 음악 교육은 성장 발달에 도움을 줍니다. 한글을 알기 이전, 우리 아이에게 음악을 느끼고 표현할 수 있는 환경을 선물해 주는 건 어떨까요?

아이들의
감각과 재능

아이들에게 음악 교육을 한 지 15년이 넘었음에도, 아이들과 함께 수업을 할 때마다 저는 한결같이 깜짝 놀랍니다. '어떻게 저런 생각을 떠올릴 수 있지?' 하며 말이죠.

실제로 있었던 일입니다. 제가 가르치는 7살 친구 하나가 멜로디에 맞는 왼손 코드를 스스로 만들고 있었습니다. C 코드, F 코드, G 코드, G7 코드 등, 잘 적어 내려가던 아이는 어느 순간 'O'이라는 기호를 적기 시작했습니다. 저는 물었습니다.

"O는 뭐야. 잘 못 적은 거니?"

"선생님 이건 O 코드예요. 제가 만들었어요!"

"어머, 어떤 코드인지 한 번 연주해 줄 수 있니?"

"네. 그런데 O 코드는 제가 피아노를 연주할 때마다 달라져요. 제가 치고 싶은 코드를 마음대로 치는 코드니까요."

저는 아이의 그 모습을 보고 반짝이는 별똥별을 떠올렸습니다. 우리 아이들은 재능 덩어리입니다. 그 재능을 잘 키워나갈 수 있게 부모, 선생님 등 주위의 어른들이 아이를 격려해 주고 힘을 북돋아줘야 합니다. 재능이란 것은 가지고 있더라도 갈고닦지 않으면 빛을 보지 못할 수 있기 때문입니다. 또한 타고난 것만이 재능은 아닙니다. 천재적인 능력은 없었는데, 그저 자신이 좋아서 깊이 파고들고 오랜 시간 열정을 다 하다 보면 그것이 되려 재능이란 이름으로 빛이 나기도 합니다.

우리는 몇몇 천재적이라 불리는 아이들의 결과물만 보고서는 너무 쉽게 우리 아이와 비교하거나, 자신도 모르게 부러워하는 마음을 드러내곤 합니다. '누가 잘한다더라' 하는 식의 이야기를 아이에게 해주는 것은 아무런 도움이 되지 못합니다. 오히려 음악에 대한 반감만 불러일으킬 뿐입니다.

무언가를 배우기 시작할 때 경쟁심에서 시작하는 것보다는, 아이 스스로가 관심을 가져서 시작하게 되는 것이 가장 자연스럽고 좋습니다. 경쟁심에 아이가 배움을 시작하게 되었다 하더라도 그것은 이내 포기로 이어질 가능성이 큽니다. 그러니, '누구누구가 하니 너도 배워볼래?'라는 비교식의 말은 절대로 아이에게 하지 않도록 합시다. 비교는 우리 아이의 감각과 재능을 되려 죽이는 것입니다.

♪ 모든 아이에게는 재능이 있다

아이들이 앞으로 커서 무엇을 하며 살아갈지 아무도 모릅니다. 어떤 재능이 있는지 어린 시절에 파악되지 않을 수도 있지요. 그러나 모든 아이는 어떠한 분야에 재능을 가지고 있습니다. 재능은 모든 아이들에게 있지만, 잘 드러나는 친구도 있고, 저기 깊숙이 박혀 있어서 아주 오랜 시간이 흐른 뒤에야 발견할 수도 있는 것입니다. 지금 당장 우리 아이에게 재능이 보이지 않고 느껴지지 않더라도 '없음'으로 단정 짓지 말았으면 합니다.

아이들에게 우리가 도움을 줄 수 있는 일은 끝까지 아이를 믿고, 내 욕심이 아닌 아이의 생각과 마음을 되도록 깊이 들여다보고 공감해 주는 것입니다. 내 아이를 향한 믿음과 지지가 있다면 언젠가는 그 감각과 재능이 빛나는 날이 분명히 오게 됩니다. 아이도 그리고 지금 이 글을 읽는 부모에게도 말이죠.

음악 교육,
어떤 방식으로 하면 좋을까요?

아이에게 본격적인 음악 교육을 시키려고 할 때, 제일 고민되는 것 중 하나가 '어떤 방법으로 교육하지.' 하는 생각이겠지요. 많은 부모님들이 먼저 아이의 음악 교육을 시작한 지인에게 조언을 구하거나, 활동하는 커뮤니티에 추천을 받는 등으로 음악 교육 방식을 결정하지요.

"OO 피아노 학원에 애들 많이 다닌다던데, 거기 보내보세요."

"OO 음악 학원 원장님이 유학 다녀온 실력자라던데, 거기 상담 한번 가봐."

그러나 이것만 듣고 '내 아이에게도 좋은 교육 방법일 것이다.'라고 무조건적으로 판단하는 오류를 범하지 않았으면 좋겠습니다. 여러 사람들이 하는 이야기를 참조는 하되, 가장 먼저 내 아이의 나이와 성향을 잘 고려해 보도록 합시다. 그 이후에 어떤 음악 교육기관이 있는지 알아봐도 늦지 않습니다.

♪ 우리 아이에게 맞는 교육 방법은?

음악 전문센터

하나의 악기가 아니라, 전반적인 음악 교육이 이루어지는 곳입니다. 리듬 수업, 노래 부르기, 음악 놀이, 활동 수업, 친구들과 악기 합주, 작곡 등 다양한 종류의 음악 수업이 이루어집니다. 그 때문에 창의적이고 자신의 주장이 강한 아이라면 음악 전문센터를 추천해드립니다. 보통 음악센터는 3~4세를 대상으로 하는 수업 프로그램이 있고, 유아를 전담으로 수업을 진행하는 전문 선생님이 계십니다.

특히 유아들을 위한 음악 전문센터가 좋은 이유는 첫째, 유아 음악을 공부한 선생님에게 체계적인 음악 수업을 받을 수 있고. 둘째, 집에서는 구비하기가 어려운 여러 가지 악기들을 접해볼 수가 있으며. 셋째, 혼자가 아닌 소그룹으로 또래 친구들과 함께 음악 수업을 하며 합주를 경험할 수 있고. 넷째, 선생님의 전문적인 연주를 눈앞에서 보고 들을 수 있기 때문입니다.

아이의 음악성 전반을 발전시켜주고 싶거나, 어떤 악기를 배울지 정하지 못했다면, 특히 아이가 악기를 배우는데 신체적인 제한이 많은 7세 이전이라면, 음악센터에 다니면서 음악에 대한 흥미를 키워주는 것도 좋은 방법입니다.

음악센터는 보통 소규모 그룹4인 이하으로 수업이 진행이 되고, 수업 횟수는 주 1~2회로 이뤄집니다. 아이들이 경험해 볼 수 있는 악기들이 다양하게 구비되어 있어 악기에 대한 거부감을 줄여주고, 자신의 생각을 음악으로 표현해 볼 수 있는 기회를 가질 수 있어 창의력을 길러 줄 수 있습니다.

피아노 학원

피아노 실기에 집중된 기관으로 한국의 학부모에게 익숙한 유형의 학습기관입니다. 그만큼 주위에서 흔하게 접할 수 있습니다. 규모에 따라 교사가 여러 명인 곳도 있고, 연령별로 반을 나눈 뒤 담임제로 운영하기도 합니다.

많은 아이들을 수용할 수 있기에 각 학원마다 피아노 연습실이 여러 개 있고 이론실도 따로 있습니다. 연습 방은 피아노 실기 교습이 이뤄지고 또 아이의 연습이 진행되는 곳으로 1평이 조금 안되는 작은방에 피아노 한 대가 놓여 있는 곳입니다. 피아노 학원은 보통 주 5일 기준, 매일 갈 수도 있고 아이의 스케줄에 따라서 변동이 가능합니다.

피아노 학원은 또래의 친구를 사귈 수 있고, 그렇게 함으로써 음악에 대한 아이의 흥미를 이끌어 낼 수 있다는 점이 장점입니다. 또한 집에 피아노를 놓기 어려운 경우나, 모종의 이유로 당장 사기가 꺼려진다면 피아노 학원을 통해 아이가 매일 연습할 수 있는 환경을 만들어 주는 것도 좋습니다.

그러나 아이가 어리다면미취학 피아노 연습 방에 혼자 들어가는 것을 무서워할 수 있으니, 아이와 충분히 상의해 보도록 합시다.

교습소

교습소와 학원은 규모에 따라 나누어지는 것으로, 기본운영 시스템은 같습니다. 선생님을 두지 않고 원장 혼자 운영하는 곳으로 시간당 수용 인원수가 학원보다 적고, 연습 방의 수도 적지만 그만큼 상대적으로 아이에게 훨씬 많은 집중을 해줄 수 있다는 장점이 있습니다. 또한 수시로 가르치는 선생님이 바뀌는 학원과 다르게 원장이 혼자 운영한다는 점에서 아이의 진도나 수준 파악이 지속적으로 가능하며, 상대적으로 안정된 환경에서 수업을 받을 수 있습니다.

교습소 또한 집에 피아노가 없어도 꾸준히 연습할 수 있는 환경이 주어진다는 점에서 좋지만, 연습 방에 혼자 들어가서 시간을 보내야 하는 만큼, 아이와 상담 후에 교습을 진행하는 걸 추천합니다.

가정 피아노 학원

말 그대로 가정집에서 운영하는 피아노 학원입니다. 같은 아파트 단지 내나 집 근처에 위치한다는 점에서 아이가 이동하기 편리합니다. 보통 3~4명 정도의 인원으로 구성된 소그룹으로 진행되며, 일주일에 2회 혹은 1회로 수업이 이루어집니다.

학원이나 교습소보다도 훨씬 더 집중적인 학습이 가능합니다. 또한 매번 수업받는 아이들과 가르치는 선생님이 정해져 있다는 점에서 낯선 환경을 어려워하는 아이들에게도 좋습니다.

개인 레슨(가정방문레슨)

1:1로 수업이 진행이 되는 만큼 오로지 내 아이의 시간에 맞춰서, 내 아이의 수준에 수업을 맞출 수 있다는 게 가장 큰 장점입니다. 조용조용한 성격에 여러 아이들이 모여있는 곳을 힘들어하는 아이에게는 큰 도움이 됩니다. 아이의 마음이 편해야 배우고 싶은 욕구가 생기고 잘하고 싶은 마음도 생기기 때문이지요.

그러나 다른 음악 수업 방법에 비해 레슨비 부담이 크고, 앙상블, 단체 음악 활동 놀이, 이론 게임 등 또래의 아이들과의 협업 활동을 할 수 없다는 점이 큰 단점입니다. 내 아이의 성향을 잘 관찰해서 결정하는 게 좋겠습니다.

이렇듯 각 교육 방법마다 장단점이 있고, 선생님의 교육관과 방향성, 전반적인 커리큘럼 그리고 선생님과 아이 사이의 궁합도 중요하므로, 아이와 함께 적어도 2~3곳은 방문해 보길 권해 드립니다. 내 아이가 유독 편안해하거나 긍정적인 반응을 보이는 곳이 있을 것입니다. 아이와 잘 맞는 선생님을 만나서 음악을 사랑하고 즐기는 아이로 자라게 도와준다면 아이도 행복하고 부모도 뿌듯하며 선생님도 기쁠 것입니다.

PART 03

엄마 아빠가 키워주는 우리 아이의 음악성

아이의 음악성은
태어나기 전부터 만들어진다

제가 강의를 다니다 보면 많이 듣는 질문 중에 하나가 '아이의 음악성은 언제부터 발달될까요?'입니다. 저는 항상 이렇게 대답을 합니다.

"아이의 음악성은 엄마의 배 속에 있을 때부터 발달이 시작됩니다."

모든 아이는 음악성을 가지고 태어납니다. 엄마 배 속에 있을 때부터 박Beat 을 경험하지요. 바로 엄마의 심장박동 소리가 그것입니다. 그 리듬은 엄마의 컨디션에 따라 느려지기도 혹은 빨라지기도 하는데, 그 과정에서 아이는 자신도 모르게 음의 빠르고 느린 템포를 경험합니다. 배 속에서부터 자연스럽게 리듬감을 익히는 것이지요.

태아의 여러 가지 감각 중에서 가장 먼저 발달되는 것이 '청각'입니다. 임신을 하고 4개월 정도가 되면 태아는 소리를 들을 수 있게 됩니다.

이때 아이는 엄마의 심장소리뿐 아니라, 장이 음식을 소화시키느라 내는 소리, 혈관 속 피가 흐르는 소리 등에 더해 바깥에서 일어나는 소리도 듣습니다. 음악, 자연의 소리, 자동차 소음 등 엄마가 듣는 모든 소리들을 함께 듣는다고 보면 됩니다.

배 속에서 들었던 다양한 소리는 아이가 태어나서도 백색소음으로 작용합니다. 아마 아이가 있으신 분이라면, 울던 아이가 청소기 소리나 드라이기 소리에 울음을 그치는 경험을 해 보았을 것입니다. 임신 6개월 정도가 되면 태아는 자주 듣는 사람의 목소리 구분이 가능해지고, 신생아 시기엔 자주 듣는 목소리를 기억하고, 주 양육자를 파악한다고 합니다.

이렇듯 배 속의 아이는 모든 것을 소리로 받아들이고 느끼고 있기에 아이의 음악 교육은 사실상 이미 배 속에서부터 시작되었다고 해도 과언이 아닙니다. 아이가 가지고 태어난 음악성이 어떤 환경에 노출되느냐에 따라서 더 발달되기도 하고 퇴보하기도 하는 것이지요. 그러니 배 속에서부터 좋은 소리를 많이 들려주고, 아이가 가지고 태어난 음악성을 키워줄 수 있다면 아이에게 큰 선물이 될 것입니다.

이러한 이유로 많은 사람들이 임신을 하면 가장 먼저 생각하는 태교가 음악 듣기, 동화책 읽어주기, 태담 하기 등입니다. 그런데 어떻게 해야 좋을지는 감이 안 잡힐 수가 있지요. 그렇다면 어떤 소리들이 배 속의 아이에게 긍정적인 효과를 주는 태교일까요?

♫ 음악성을 키워주는 태교 방법

아빠의 목소리 많이 들려주기

최대한 자주 아빠의 목소리를 많이 들려주는 것이 좋습니다. 엄마보다 상대적으로 저음인 아빠의 목소리 파장이 아이에게 더 잘 전달된다고 합니다. 하루 중 언제라도 좋습니다. 아빠가 배 속의 아이에게 노래를 불러주고 동화책도 읽어주면 배 속의 아이가 좋아하는 아주 멋진 태교가 됩니다. 더불어 배 속의 아이와 대화를 하는 것도 중요합니다. 어색할지라도 아이에게 아빠의 음성으로 이것저것 설명해 주고, 혼잣말 대화도 하도록 합시다. 어떤 이야기를 할지 망설여지나요? 제 남편은 배 속의 아이에게 일상적인 이야기를 많이 했습니다. 예를 들어 오늘의 날씨에 대해서 이야기하거나, 현재 아빠의 기분이 어떠한지, 아기를 기다리는 하루하루가 얼마나 행복한지 등등 말입니다. 아이에게 사랑한다는 말과 함께 여러 기분 좋은 감정에 대해 진심을 다해 이야기를 해주도록 합시다. 임신한 엄마의 모든 감정을 고스란히 아이는 느낀다는 걸 늘 기억하며, 평안하고 기분 좋은 이야기를 엄마 본인과 배 속 아이에게 전해주도록 합시다.

부모가 좋아하는 음악을 아이에게도 들려주기

음악 태교라고 하면 모차르트나 베토벤을 먼저 떠올리는 분들이 많습니다. 사실 음악 태교가 거창한 것이 아닙니다. 꼭 클래식을 들어야만 태교가 되는 것이 아닙니다. 부모 본인이 평소 좋아하는 노래를 들으며 흥얼거리고, 그 곡과 함께 쌓은 특별한 추억을 떠올리며 음악을 듣는 것도 좋습니다. 재즈나 팝도 좋고 가요도 좋습니다. 좋아하는 라디오 프로그램을 틀어놓는 것도 좋습니다.

저는 임신기간 동안 안방의 블루투스 오디오를 통해 클래식 라디오 방송을 자주 들었습니다. 최근 출산한 둘째의 임신기간에는 '네이버 나우-다양한 콘텐츠를 24시간 라이브로 즐길 수 있는 국내 포털 사이트 '네이버'의 스트리밍 서비스'를 즐겨 들었습니다. '점심 어택'이란 프로그램을 들으며 점심을 먹곤 했죠.

엄마의 마음을 편안히 할 수 있는 음악 선곡을 한 후에, 침대에 편안하게 누워 기분 좋은 감정을 느끼며 음악을 듣는 것이 최고의 음악 태교이며, 엄마에게 행복을 주는 노래들이 배 속 아이에게도 최고의 음악입니다. 배 속 아이는 엄마의 기분과 감정을 함께 느끼기 때문이죠.

실제 라이브로 음악 들려주기

백문불여일견百聞不如一見이죠. 집에서 매번 듣는 음악을 단순히 오디오로 듣는 것과 실제 라이브로 듣는 건 많은 차이가 납니다. 첫째를 임신한 2015년에 저는 태교로 라이브 공연을 보러 자주 갔습니다. 가수 이은미 콘서트도 가고 조수미 콘서트도 갔습니다. 제가 사는 지역에서 열리는 재즈 공연, 연극, 합창단 공연 등 기회가 되는대로 다니며 공연을 즐겼습니다. 물론 배 속의 아이도 태동을 활기차게 하며 함께 공연을 즐겼지요. 라이브 연주로 음악을 들을 때, 아이 또한 공연장을 울리는 음의 파장을 생생하게 전달받습니다. 엄마가 즐겁게 공연을 즐기면 아마 배 속의 아이도 신이 나서 춤을 출 것입니다. 공연장에 울려 퍼지는 음악 소리에 엄마도 아이도 행복을 느끼고, 긍정적인 기운이 함께 할 것입니다.

부모가 직접 악기 배워보기

실제로 부모가 악기를 배워보는 걸 강력하게 추천드립니다. 저도 첫째를 가지고 5~6개월쯤 우쿨렐레를 배웠습니다. 악기의 울림이 배 속의 아이에게도 전달이 되었던 건지, 제가 우쿨렐레를 연주할 때마다 아이의 태동이 느껴지는 신기한 경험을 했습니다.

단, 악기를 배우는 것이 스트레스가 되지 않게 비교적 쉽고 간편한 악기를 추천합니다. 피아노도 훌륭합니다. 엄마가 평소에 좋아하는 노래를 배워보는 것이지요. 소리에 예민한 우리 아이가 어떻게 반응하는지 느껴볼 수 있을 것입니다. 평소 엄마가 즐겨 연주하는 악기가 있다면, 아이에게 엄마가 좋아하는 노래나 간단한 동요를 연주하며 즐거운 음악 태교를 해보는 것도 추천합니다.

모든 아이는 음악성을 가지고 태어난다

아이에게 관심을 가지고 음악 교육에 적극성을 보이는 부모들에게 저는 두 가지를 꼭 이야기합니다.

첫 번째. 모든 아이는 음악성을 가지고 태어난다.
두 번째. 아이들마다 가지고 있는 음악성이 다르고 속도도 다르다.

이 두 가지를 부모가 인지하지 않으면 자꾸만 다른 아이와 내 아이를 비교하게 됩니다. 내 아이가 가진 재능이 보이지 않게 되고, 자신도 모르게 답답하고 속상한 감정을 아이에게 그대로 표현하게 되는 것이지요.

"너는 왜 집에 피아노가 있는데도 한 번을 안 치니?"

"너랑 같이 시작한 ○○이는 진도가 빨라서 벌써 ○○을 연주한다더라."

위와 같은 말을 자신도 모르게 아이에게 하게 됩니다. 사람들은 모두 비교당하는 걸 싫어합니다. 비교는 개인이 가진 가치를 없애고 자존심을 상하게 만듭니다. 아이라고 아무렇지 않을까요? 부모가 아이에게 다른 친구와 자신을 비교하는 잔소리를 했을 때 가장 무서운 반응은 아이 스스로 '난 재능이 없나 봐.'라고 생각하는 것입니다. 스스로 배움을 포기하고 더 잘하려고 노력하지 않지요. 모든 아이는 음악성을 가지고 있습니다. 그것을 키워주기 위해서 부모가 가장 먼저 해야 할 일은 무엇일까요? '내 아이에게 내재된 음악적 재능이 있다.' 바로 이 말을 믿는 것입니다. 그 믿음을 바탕으로, 어떻게 하면 내 아이가 가지고 있는 음악성을 키워줄 수 있는지 조금 더 자세히 이야기해 보도록 합시다.

♫ 우리 아이 음악성 어떻게 키워줄까

음악 노출 빈도 높여주기

집에서 자주 음악을 들려주고 있나요? 어떤 소리를 가장 자주 들려주나요? 우리는 아이에게 어떤 소리를 들려줄지 선택할 수 있습니다. TV 소리를 더 가까이하는지, 음악을 더 가까이하는지 우리 집의 평소 분위기를 생각해 봅시다. 아이에게 음악적 환경을 제공하는 노력을 하지 않고, '우리 아이는 왜 못하는 것 같지. 재능이 없나?' 하고 생각하고 판단해 버리면 안 됩니다.

부모가 아무 생각 없이 자신도 모르게 습관적으로 리모컨을 들고 TV를 틀고 있다면, 오늘부터는 리모컨을 멀리 치워보도록 합시다. 기존의 습관을 전혀 다른 습관으로 바꾸는 것이 생각보다 쉽지 않습니다. 하지만 3일이 지나고 일주일이 지나면 집 분위기가 달라지고 아이가 음악에 귀를 기울이게 됩니다. 그렇게 듣기부터 환경의 노출 빈도를 높여주도록 합시다.

노래 부르기

마이크를 하나 준비해 봅시다. 저희 집에는 선물로 받은 뽀로로 무선 마이크인터넷에 2~3만 원대로 구매가 가능가 있습니다. 노래를 듣고 나면 직접 부르고 싶어지기 마련입니다. 아이가 음악을 들으며 흥이 나서 몸을 흔들거나 흥얼거릴 때 마이크를 준비해 주세요. 아이는 좋아하는 노래를 신나게 부르며 스트레스도 풀고, 귀로 들었던 노래의 음을 직접 찾아 지속적으로 부르는 행동을 통해 음감을 향상시킬 수 있습니다.

아이들은 종종 자신이 좋아하는 노래를 지겹도록 틀어달라고 하고, 또 지겹도록 따라 부르곤 합니다. "이제 다른 노래 좀 하면 안 돼?" 이렇게 말하기보다 아이를 위해 기꺼이 즐겁게 함께 외워서 부르는 쪽이 더욱 도움이 되고 칭찬할만합니다. 노래를 부르고 음악에 반응하는 아이를 관찰하다 보면 내 아이에게 재능이 있는지 확인이 될 것입니다. 부모도 그동안 생각하지 못했던 부분들을 유심히 관찰하게 되고 내 아이에 대해서 '새로운 발견'을 하게 되는 순간이 옵니다.

악기 연주

아이가 음악을 듣고, 몸을 움직이고, 마이크를 들고 노래를 신나게 부르는 모습을 보이면, 이후에는 음악의 리듬을 직접 표현할 수 있는 악기를 준비해 주도록 합시다. 간편하게 집에서 가지고 놀 수 있는 악기로는 드럼 종류나 셰이커가 가장 좋습니다. 아이가 초등학생이라면 학교 수업에서도 종종 이용하는 '리듬악기 세트'를 활용해 봅시다. 자신이 연주하고 싶은 악기를 골라 노래에 맞춰 부모와 함께 연주해 보는 것이지요. 아이 스스로가 부모에게 지시까지 한다면 더욱 좋습니다.

"엄마는 이 부분에서 이 악기를 이렇게 연주해!"

이렇게 주도적으로 아이 자신이 지휘자가 된 것처럼 부모에게 주문을 한다면 기꺼이 함께해 주도록 합시다. 우리 아이 머릿속에는 음악을 어떻게 표현할지 그림이 그려져 있을 것이고, 그걸 현실로 나타내고 싶은 것이니까요.

음악을 듣고, 부르고, 연주하는 이러한 점진적인 과정으로 음악 놀이를 함께해 줍시다. 이 정도가 되면 아이는 특정 악기 혹은 노래 부르기에 대한 관심이 분명히 생기며, 음악을 더 배우고 싶은 욕구가 생겨나게 됩니다. 아이와 함께 어떤 악기를 배울지 배움에 대해서 진지하게 함께 고민해 볼 시기가 온 것이죠. 집에서 충분히 아이가 가지고 있는 음악성을 표현하는 걸 도와준 부모이기에, 함께 고민하여 아이에게 잘 맞는 선생님과 교육기관 상담 방문을 통해 더 깊이 있는 음악 수업으로 이어 나

가면 됩니다.

여기에서 더해야 할 미덕이 있다면 바로 '꾸준함'입니다. 아이가 커갈수록 조급해지고 음악을 굳이 공부할 필요가 없는 과목쯤으로 생각하지 않길 바랍니다. 음악이야말로 내 아이에게 평생의 친구가 되어줄 수 있고, 아이의 삶이 풍성하고 윤택해지도록 도움을 주는 도구가 될 수 있음을 잊지 마세요. 부모의 작은 노력이 아이가 가지고 있는 음악성을 더욱 키워줄 수 있게 도와줍니다.

아이의 음악성, 부모가 만들어 줄 수 있다

"집에서 아이의 음악성을 키워주고 싶은데, 좋은 방법이 있을까요?"

"선생님 저희가 사는 곳은 유아들을 상대로 전문적으로 음악 교육을 하는 곳이 없어요. 그래서 제가 좀 배워서 해볼까 하는데 괜찮을까요?"

"직장인이라 평일은 퇴근 후나 주말에만 시간이 나는데, 꼭 기관을 통해서만 음악 교육을 시켜야 하나요?"

전국에서 부모들이 저에게 상담을 요청하십니다. 그만큼 음악에 대한 애정과 내 아이에게 좋은 것을 알려주고, 함께 하고 싶은 마음이 크다는 것이지요. 음악 교육 분야에서 오랜 시간 일을 해온 저로서, 어떻게든 도움을 드리고 싶은 마음이 간절합니다. 많은 부모님들에게 '집에서도 충분히 할 수 있다!'라는 용기를 드리고 싶습니다. 그래서 이렇게 글도 쓰고 동요를 작사 · 작곡하며 꾸준히 음원을 발매하고 있습니다.

부모가 만들어 줄 수 있는 우리 아이 음악성에 대해 이야기를 하겠습니다. 막연하게 보였던 음악 교육을 간단하게 4단계로 나눠, 집에서도 쉽게 따라 하실 수 있도록 했습니다.

♫ 음악 교육 핵심 4단계

❶ 불러요

가장 처음은 노래를 듣고 부모와 함께 부르는 것입니다. 여기서 중요한 건 '부모와 함께'입니다. 간혹 부모가 노래에 자신이 없어 음원에만 의존하는 부모님들이 계십니다. 음원도 훌륭하지만, 그보다 더 훌륭한 건 부모가 불러주는 노래, 바로 부모의 음성입니다. 부모가 직접 자신의 입으로 노래 부를 때, 부모의 목소리에는 아이를 사랑하는 감정과 정서가 묻어나고, 아이를 애정으로 바라보는 따듯한 눈빛이 더해집니다. 이에 아이는 안정감을 느끼고 부모와의 애착과 사랑의 밀도는 더욱 높아지는 것이지요. 무엇보다 아이의 정서적인 안정이 제일이므로 부끄러워하지 말고 부모 목소리로 불러주는 걸 추천드립니다. 아이는 부모의 음정이 맞고 틀리고를 판단하지 않습니다. 자신을 바라보며 함께 노래하는 그 시간과 부모의 따뜻한 목소리와 노래를 기억하고 마음에 새기게 되는 것입니다.

❷ 율동해요

우리 아이들은 가사를 보고 노래를 부르지 않습니다. 반복적으로 노래를 들으며 멜로디와 박을 익히게 되는데 특히 가사는 율동과 함께 할 때 더 자연스럽게 기억이 됩니다. 어린이집 혹은 유치원에서 노래나 율동을 익혀와서 집에서 재롱을 부리는 아이의 모습이 떠오르시나요? 아이가 재롱을 부릴 때 우리는 얼마나 행복하고 황홀 한지요. 그런데 그걸 부모와 함께 집에서 하게 되면 아이는 더욱 유대감과 친밀함을 느끼게 됩니다. 아이가 부모와 새로운 동요를 부르고, 함께 율동도 만들어 보고, 또 놀이하며 동요를 더욱 자연스럽게 익힐 수 있도록 해줍시다.

❸ 함께 활동하며 놀아요

아이가 좋아하는 놀이와 어울리는 동요를 찾아서 '음악 + 놀이' 활동을 하는 것입니다.

예를 들어, 우리 아이가 요즘 화장 놀이를 재미있어한다면, <화장 놀이>155p 노래를 듣고, 따라 부르고, 율동하며, 함께 집에 있는 화장 놀이 장난감을 가지고 동요 놀이를 하는 것입니다.

우리 아이가 자동차 놀이에 푹 빠져있다면? <트럭 운전기사>156p, <신호등을 건너요>157p 노래를 듣고, 따라 부르고 율동하면서 장난감 자동차를 이용해 신나게 놀아주면 됩니다.

❹ 음악 주제를 경험해요

동요 속에 음악적 주제를 아이와 함께 찾아보고 표현해 보도록 합시다. 큰소리, 작은 소리, 점점 빠르게, 아주 느리게 등등 동요 속에는 다양한 음악적 주제들이 숨어있습니다. 함께 듣고 부르고 놀이 활동을 하고 난 후에는 귀 기울여 음악 주제가 무엇인지 찾아보는 것이지요.

"노래에서 점점 빨라지는 부분이 나오면 우리도 자동차를 빨리 운전해 볼까?"

이러한 말을 통해 아이는 더욱 음악을 집중해서 들을 수 있고, 아이의 듣는 힘을 길러주게 되며, 자연스럽게 순간 집중력도 길러지게 됩니다.

이렇게 4가지 단계에 따라 아이와 함께 음악 놀이를 하며 음악성을 키워줄 수 있습니다.

종류별 음악성 키워주기

♫ 리듬

'어머 저 아이 리듬감이 뛰어나다.'

리듬감이 뛰어난 아이는 대개 몸도 자유롭습니다. 음악에 맞추어 몸을 움직이는 것이 쉬운 것입니다. 물론, 타고난 리듬감이 있는 아이가 있고 그렇지 않은 아이도 있기 마련입니다. 내 아이는 리듬감을 타고나지 않았다고, 흔히 말하는 '박치'라고 해서 포기하지 맙시다. 후천적 연습으로도 충분히 리듬감을 키워 줄 수가 있기 때문입니다. 아이에게 여러 리듬을 접해볼 기회를 주고, 자연스럽고 자유롭게 몸으로 리듬을 느껴보게 하는 것입니다. 7세 이전 유아 시기가 음악 교육의 적기이기도 하고 음악성을 키워 줄 수 있는 시기이므로 집 혹은 전문 음악센터를 통해 잠자고 있는 내 아이의 리듬감을 일깨워 주도록 합시다.

기준 박에 손뼉 리듬 연주하기

아이가 좋아하는 동요가 무엇인지 알고 있다면 같이 부르고 들으며 박자에 맞추어 손뼉 치기 놀이를 해보도록 합시다. 단, 가요보다는 동요를 권장합니다. 복잡한 리듬과 화음보다는 아이들이 정확하게 따라 부를 수 있는 수준의 동요가 가장 좋습니다. 대개 동요는 4분의 4박자가 많습니다.

많이 알려진 동요 중 하나인 <나비야>로 예를 들어보겠습니다.

❶ 큰 박만 연주하기

색을 표시를 한 부분만 연주를 하면 큰 박을 연주하게 됩니다. 온음표(4박)로 첫 박에만 손뼉을 치며 노래를 해보도록 합시다.

나 비 야　나 비 야　이 리　날 아　오 너 라

노 랑 나 비　흰 나 비　춤 을　추 며　오 너 라

❷ 두 박으로 나누어 보기

이번에는 손뼉 치는 부분이 조금 더 많아졌습니다. 2박마다 손뼉을 치며 박을 연주해 보도록 합시다. 손뼉으로 4박과 2박을 연주하는 것이 자연스러워졌다면 교차해서 연주해 보도록 합시다.

나 비 야 나 비 야 이 리 날 아 오 너 라

노 랑 나 비 흰 나 비 춤 을 추 며 오 너 라

아래 예시를 보면서 응용을 해보셔도 좋습니다.

응용해 보기 (예시)

❶ 큰 박(4박)과 작 은 박(2박)을 섞어서 해보기

나 비 야 나 비 야 이 리 날 아 오 너 라

노 랑 나 비 흰 나 비 춤 을 추 며 오 너 라

❷ 큰 박(4박)과 작은 박(2박)에 더해 '이리 날아', '춤을 추며' 부분을 한 박씩 연주해 봅시다.

나 비 야 나 비 야 이 리 날 아 오 너 라

노 랑 나 비 흰 나 비 춤 을 추 며 오 너 라

응용해 보기 (예시)

❸ 큰 박(4박)과 작은 박(2박)에 더해 '노랑나비~오너라' 부분의 강약 위치를 바꾸어 연주해 봅시다. 어떤가요? 리듬을 가지고 놀아보는 활동이 즐겁나요?

나 비 야 나 비 야 이 리 날 아 오 너 라

노 랑 나 비 흰 나 비 춤 을 추 며 오 너 라

예시로 나온 것처럼 아이와 부모가 스케치북에다 '우리만의 악보'를 만들어서 연주해 보도록 합시다. 더욱 애착을 가지고 재미를 느끼며 리듬 연습을 할 수 있습니다. 그렇게 리듬 놀이를 하다 보면 아이의 리듬감이 점점 더 좋아지는 걸 느낄 수 있을 것입니다. 만약 집에 셰이커Shaker, 드럼Drum 종류의 악기가 있다면 손뼉 대신 악기로 바꾸어 연주해 보는 것을 추천드립니다.

♫ 보컬 능력

'날 닮아서 음치인가? 남편 닮아서 음치인가?'

'저 노래가 그 노래가 아닌 듯한데?'

아이가 만화 주제가를 따라 부르거나 동요를 부르는데 유난히 음을 제멋대로 부르나요? 아이가 5세 이하라면, 음치가 아닐 가능성이 있습니다. 그 연령 특성상 정확하게 낼 수 있는 음정이 정해져 있기에 음치가 노래를 부르는 것처럼 들릴 수 있습니다. 이는 아이가 성장하면 자연스럽게 나아집니다.

아이가 7세 이후임에도 음정이 맞지 않는다고요? 괜찮습니다. 단, 7세 이전까지가 음치를 고쳐주기 수월합니다. 그 이유는 뇌의 발달과 연결되어 있습니다. 좌뇌와 우뇌의 발달 시기가 다르다는 이야기를 들어본 적이 있나요? 7세 이후에 급격하게 발달하는 좌뇌와 달리, 우뇌는 7세 이전에 급격히 발달한 뒤, 그 이후가 되면 발달 속도가 현저히 줄어든다고 합니다. 즉, 창의적 사고를 관장하는 우뇌의 성장 시기에 맞춰 가급적 7세의 시기에 음악성을 키워주는 것이지요.

저는 음악센터를 운영하며, 음정이 많이 불안한 유아 친구들을 만나왔고 그들의 보컬 능력을 키워 주었습니다. 그 노하우를 바탕으로 아이와 집에서 음정 맞추기 연습을 할 수 있는 방법을 알려드리겠습니다.

먼저 집에 건반 악기가 있어야 합니다. 디지털 피아노도 좋고 아이의 장난감 피아노도 좋습니다. 단, 업라이트 피아노라면 조율은 필히 하도록 합시다.

피아노 음을 집어주며 연습시키기

먼저 가온 '도 레 미' 음을 들려준 다음, 아이가 따라 부르게 합니다. 이때 중요한 건, 아이가 노래 부를 때 피아노로 똑같은 음정을 연주해 주는 것입니다. 피아노로 음을 집어주는데도 아이의 음정이 많이 흔들린다면 손으로 음 높이를 표현하며 부르도록 해주세요. 예를 들어, 올라가는 '도, 레, 미' 음계를 노래한다면, 손과 팔도 점점 머리 위로 올라가도록 하는 것입니다.

음정을 노래할 때, 몇 가지 방법으로 부를 수 있습니다.

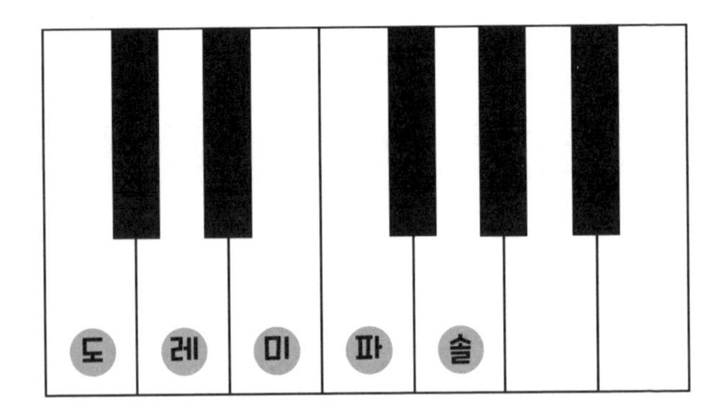

- '빰빰빰, 랄랄라 '등 리듬 말로 노래 부르기
- '도 레 미' 등 계명으로 노래 부르기

처음에는 가장 기초적인 '도 레 미' 3음으로 보컬 연습을 시키도록 합시다. 어느 정도 익숙해지면, 음을 늘려가는 것도 좋습니다. 이후에는 패턴을 두 가지 섞어서 노래해 보도록 합니다.

예를 들어보자면, '도 레 미 파 솔 / 솔 파 미 레 도' 이렇게 두 가지를 섞어 노래 부르기를 하는 것입니다. 아이가 어려워한다면 바로 계이름으로 부르기보다는 "라라라라 라라라라"처럼 리듬 말로 노래 부르기부터 시작하기를 권유합니다.

♫ 청음(듣기 능력)

음악 전공한 친구들 사이에서도 부러움의 대상이 있는데, 바로 '절대음감'을 가지고 있는 친구들입니다. 그들은 어떤 노래든지 들으면 바로 그 곡을 연주할 수 있는 능력을 가지고 있습니다. 처음 듣는 노래임에도 코드를 따서 즉흥으로 연주를 해냅니다. 혹시, 음악 관련 프로그램에서 음악인들이 "우리 그 노래해볼까?", "시작이 Em 맞죠?", "한번 맞춰 봅시다." 등등의 대화를 하는 걸 본 적 있나요? 모두 절대음감 능력이 있어서 가능한 것입니다.

그런데 그거 아시나요? 절대음감이 아니라도, 듣는 귀가 타고나지 않더라도 후천적으로 좋아지게 할 수 있습니다. 이 역시도 7세 이전엔 더 쉽게 발달시킬 수 있는데, 과연 7세 이전은 음악 교육을 하기에 가장 좋은 시기인 '음악 교육의 적기'라고 생각하면 되겠습니다.

간혹 귀가 좋은 친구들은 악보를 보지 않으려고 하는 경향이 있습니다. 악보를 읽는 것보다 선생님의 연주를 귀로 듣고 따라서 치는 것이 더 쉽다고 느끼기 때문입니다. 사실 악보를 보지 않고 귀로만 듣고 자신의 감각을 믿으며 노래를 완성해 나가는 것을 두고 아이에게 뭐라고 할 문제는 아니라고 생각합니다. 누구나 편한 방법이 있기 마련이니 말입니다. 그러나 많은 음악 학원에서 '악보 보기'에 중점을 두다 보니, 상대적으로 그렇지 않은 친구들은 '악보를 보고 연주하세요' 하며 지적을 받습니다.

음악센터에서 수업을 하다 보면 선천적으로 청음이 좋은 친구들과 그렇지 않은 친구들을 만나는데 결국은 다 좋아지게 되는 신기한 마법 같은 일이 일어납니다. 그 비결은 바로 꾸준하게 일주일에 한 번씩 청음 훈련을 시켜주는 것입니다.

그러나 매번 센터에 가는 건 현실적으로 어려움이 많습니다. 센터에 가지 않아도 부모가 집에서 아이의 청음을 훈련 시켜 주는 방법을 간단하게 소개해 보려 합니다.

어렵게 느껴지질 수도 있지만 전혀 어렵지 않습니다. 부모님이 조금만 신경을 쓰고, 시간과 마음을 쓰면 충분히 가능합니다. 앞서 소개해드린 '보컬 능력' 부분과 함께 연습을 시켜 주면 더욱 좋습니다.

청음 훈련 방법

먼저 피아노로 계이름을 들려주도록 합시다. 처음에는 가온음에서 움직이는 것이 좋습니다. 아래의 두 가지 패턴을 아이에게 들려주고, 각각 어떤 패턴인지 아이와 이야기 나눠보세요.

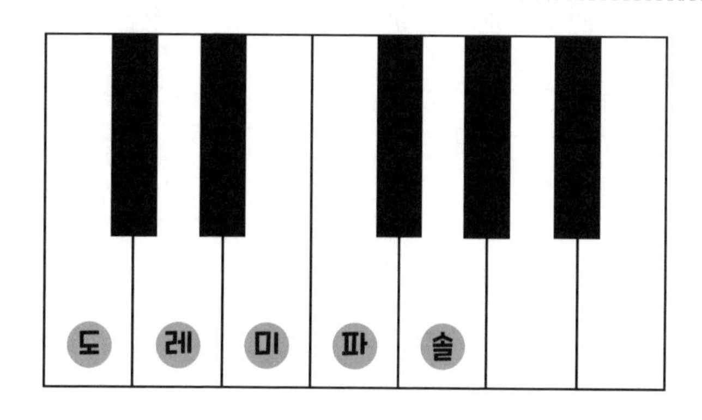

❶ 도 레 미 미 레 도
올 라 가 내 려 가

❷ 도 레 미 파 솔
높 이 올 라 가

솔 파 미 레 도
낮 게 내 려 가

일단 세 개의 음부터 시작을 해봅시다.

1. 도 레 미 (올 라 가)

2. 미 레 도 (내 려 가)

아이가 이해하면 음을 추가해서 들려주도록 합니다.

1. 도 레 미 파 솔 (높 이 올 라 가)

2. 솔 파 미 레 도 (낮 게 내 려 가)

"○○아 올라가는 소리야 잘 들어봐."

도 레 미 파 솔 연주를 해줍니다.

"이번엔 내려가는 소리야."

솔 파 미 레 도 연주를 해주도록 합시다.

"이번엔 엄마의연주를 잘 듣고, 어떤 패턴인지 이야기해봐."

'도 레 미 파 솔 (높 이 올 라 가)' 혹은 '솔 파 미 레 도 (낮 게 내 려 가)' 둘 중에 한 가지를 정해서 피아노를 쳐준 뒤, 아이가 듣고 대답을 하도록 해주세요. 아이가 '높이 올라가' 혹은 '낮게 내려가'로 대답할 수 있습니다. 계이름으로 알려주고 대답해도 상관은 없지만 처음에는 패턴으로 듣고 익히는 것이 아이에게 훨씬 수월하고 쉽습니다.

앞선 패턴들을 아이가 잘 구분하여 들을 수 있다면, 또 다른 패턴을 들려주고 알려주도록 합시다.

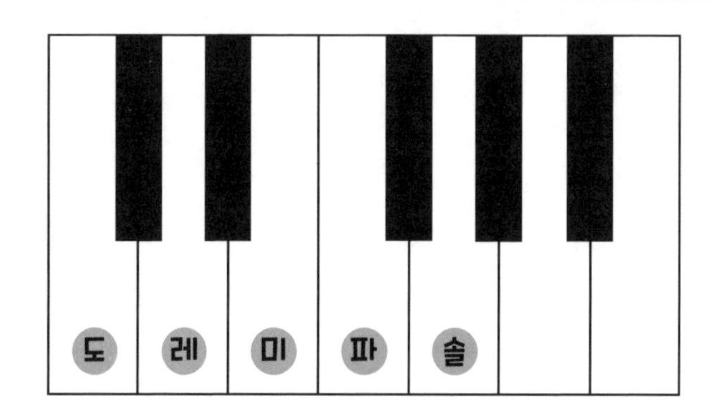

❸ 제자리 음 들려주기

어떤 음이든 상관 없음

❹ 도 미 솔 / 솔 미 도

jump up high / jump down low

"오늘은 제자리 친구의 소리를 들려줄게."

'솔 솔 솔' 혹은 '미 미 미', '도 도 도' 어떤 음이든 상관없습니다. 한음을 같은 자리에서 세 번 누르면 제자리 패턴이 됩니다. 이후에는 '도 레 미 파 솔', '솔 파 미 레 도' 그리고 제자리 패턴까지 총 3가지 패턴을 들려주고 어떤 패턴의 음이었는지 패턴 맞추기 놀이를 해봅시다. 부모와 청음 놀이를 통해 자연스럽게 3가지 패턴을 익히고 잘 들을 수 있게 되었다면 새로운 패턴을 추가해 보도록 합니다.

"오늘은 점프하는 소리를 들려줄게."

점프하는 음을 알려주도록 합시다.

1. 도 미 솔 (jump up high)
2. 솔 미 도 (jump dowm low)

반대가 되는 두 패턴을 함께 알려주는 것이 듣는 아이의 입장에서도 쉽습니다. 대비되는 소리를 듣고 아이가 맞춰 볼 수 있도록 합시다. 여기까지 아이가 잘 들을 수 있다면 패턴을 두 가지 섞어 보도록 합니다.

"오늘부터 두 가지 소리를 들려줄꺼야. 끝까지 듣고 어떤 패턴인지 이야기해줘."

하루하루 이렇게 조금씩 늘려가도록 합시다.

내 아이와 노래 연습 및 청음 연습을 해보면 알겠지만, 청음 능력에 관련해서 총 4가지의 유형으로 나눌 수 있습니다.

1. 듣기와 노래가 둘 다 잘 되는 아이
2. 듣기는 되는데 노래가 안 되는 아이
3. 노래는 되는데 듣기가 안 되는 아이
4. 듣기와 부르기가 다 안 되는 아이

4가지 유형 모두 다 귀를 열어 주는 청음훈련을 해주도록 합시다.

1번 유형의 아이들은 꼭 필요하지 않는 것 아니냐 질문할 수도 있는데, 아이는 자라기 때문에 지금 당장은 잘 되는듯하여도 변할 수도 있습니다. 꾸준하게 연습한다면 좋은 아이들은 더 좋아지고, 음정이 불안정한 아이는 안정적으로 변합니다.

또한 어떠한 환경에 노출이 되느냐에 따라 음악성이 더욱 좋아지기도 하고 가지고 있던 음악성이 퇴보되기도 합니다. 간단하고 짧은 시간이지만 부모의 애정 어린 마음과 노력들이 쌓여서 우리 아이의 음악성이 자랍니다.

♫ 악기연주

아이들마다 가지고 있는 음악성은 다 다릅니다. 어떤 아이는 듣기가 뛰어나고, 어떤 아이는 노래를 잘 부릅니다. 작곡을 잘하는 아이도 있고 음악 이론을 유난히 재미있어하고 잘하는 아이도 있습니다. 우리는 모든 아이가 각자 가지고 있는 음악성이 다름을 인정해야 합니다. 또한 모든 걸 다 잘 할 수 없다는 것도 알아야 합니다. 잘하는 것과 더불어 부족한 부분은 채워나가면 됩니다.

음악센터에 오는 친구들을 볼 때마다, 저는 아이들의 다양성에 놀랍니다. 그중에서도 노래 음정이 정확하지 못하고 청음도 잘 안되지만 유독 피아노 치는 것을 좋아하고 잘하는 아이들이 있습니다. 바로 악기 연주에 흥미를 보이고 그것에 능한 친구들이지요. 흔히 음악 학원에서 굉장히 가르치기 수월한 아이로 이야기를 합니다. 여기서 또 두 부류로 나눠집니다. 오선 악보 보는 건 싫어하는데 선생님의 시범 연주를 한번 보고 바로 익혀버리는 아이와, 오선 악보도 잘 보며 피아노 치는 걸 좋아하는 아이이지요.

내 아이가 당장 악기 연주를 못하는 것 같다고 너무 실망하지 않길 바랍니다. 악기 연주 능력은 얼마든 키워 줄 수 있습니다. 현란하게 스킬을 뽐내며 연주하는 것까지 바라지 못하더라도, 아이가 좋아하는 곡을 잘 연주할 수 있게 지도하는 건 얼마든지 가능합니다. 제일 중요한 건 누군가 시켜서가 아니라 스스로 좋아서 피아노를 연주하는 것입니다. 그래야 자신의 진짜 실력이 되고, 점차적으로 자연스럽게 실력이 향상됩니다.

자신이 좋아서 스스로 연습하게 하기

억지로 매일 10분씩 시키는 건 사실 의미가 없습니다. 부모의 등쌀에, 선생님의 애원에 몇 번 더 치게 하는 건 그만하는 게 좋습니다. 피아노 치는 것이 재미있고 즐겁다면 하루에 한 번만 피아노 앞에 앉아서 연주를 해도 상관은 없습니다. '몇 번을 쳤는지'가 중요한 것이 아닙니다. 간혹 어떤 날은 피아노를 한 번도 못 치고 넘어갈 수도 있습니다. 수많은 하루 중에 그런 날도 있고 저런 날도 있음을 알려주는 것이 아이에게

도 부모에게도 좋습니다. 잠깐 배우고 그만두는 것이 아닌 아이의 평생의 취미로 생각한다면 더더욱 피아노 연습이 아이에게 스트레스로 다가오지 않도록, 꾸준히 오랫동안 본인 스스로가 좋아서 조금씩이라도 해나갈 수 있는 환경을 만들어 주는 게 중요합니다.

♫ 작곡, 작사

요즘 상담을 오는 부모들 10명 중 8명은 내 아이가 '작곡'도 할 수 있길 바랍니다. 작곡을 하는 건 모든 음악성이 뒷받침되어야 할 것 같은데, 또 그렇지도 않습니다. 간혹 작곡가들 중에 악보를 전혀 볼 줄 모른다거나 악기 연주를 아예 못 하는 사람도 있습니다. 물론 작곡가는 다양한 악기를 연주하거나, 악보를 잘 볼 수 있는 것이 이상적이긴 합니다.

그렇다면 작곡, 작사의 능력은 어떻게 키워주면 될까요?

"모든 아이들은 예술적 천재성을 지니고 있다."

저는 위의 말을 믿으며 전적으로 동의합니다. 7세 전후의 아이들을 만나서 수업을 해보면 실제로 정말 그렇습니다. 그래서 특히 어린아이들에게 틀에 박힌 수업과 주입식 교육을 하지 않아야 한다고 생각합니다. 음악 수업을 할 때 아이들이 자신의 느낌과 감정을 표현해낼 수 있도록 도와주는 수업을 해야 합니다. 그것이 아이들의 작사, 작곡 능력을 키워주는 첫걸음입니다.

작곡은 표현의 자유와 말랑말랑한 생각이 필요합니다. 내가 생각하고 느낀 것을 피아노로 혹은 다른 악기로 표현할 수 있으며 그걸 잘 기억하기 위해서 오선에 기보를 해야 합니다. 나 아닌 다른 누구라도 연주할 수 있도록 악보화하는 것이지요. 아이들의 경우에 가장 쉽게 배울 수 있는 악기가 피아노입니다. 피아노 건반에서 표현의 자유를 마음껏 경험할 수 있고즉흥 연주 더 나아가 자신의 곡을 만들어 볼 수 있습니다. 그런 경험들이 체계화될 수 있도록 도움을 줄 수 있는 사람이 선생님입니다. '듣고-부르고-연주하고-기보하여 악보화하기'의 순서로 작곡 능력을 발전시키는 것이지요.

주입식으로 배운 아이도 저절로 작곡을 할 수 있을까요?

주입식 교육에 물들지 않은 아이가 사고의 유연함이 있어서 작곡하는 법을 조금만 배워도 수월하게 작곡을 해나갑니다. 즉, 정답이 있다고 생각하는 아이들은 자신의 생각을 표현하고 자유롭게 연주해 보는 것을 두려워하거나 혹은 무서워합니다. 자신이 하는 것이 정답이 아닐 수 있고 틀릴 수 있다는 생각이 앞서는 것입니다.

작곡을 잘하는 아이는 어떤 아이들일까요?

당연한 이야기겠지만. 많은 경험을 한 아이들이 작곡도 잘합니다. 거창한 무언가를 경험해야 하는 게 아닙니다. 아이들 일상이 곡의 주제가 될 수 있습니다. 주말 동안 가족과 함께 캠핑을 간 이야기, 내가 좋아하는 음식에 관한 이야기, 친구들 이야기, 우리 가족 이야기, 여름방학 이야기, 내가 원하고 바라는 것에 대한 이야기 등 무궁무진한 이야기들로 아이들 각자 작곡을 할 수 있습니다.

무엇보다 아이들에게 작곡, 작사를 할 수 있는 환경을 만들어 주는 것이 중요합니다. 내 아이가 미래에 작곡가가 되든 다른 직업을 가지든, 자신의 생각을 유연하게 표현해 보는 걸 어린 시절 많이 경험하는 것은 좋은 일입니다. 커서 어떠한 도움으로 발현될지 모르지만 아이에게 긍정적인 효과를 지니게 되는 건 확실하니까요.

장난감 대신 악기를 이용한 놀이

각자의 양육 방식은 다를지라도, 부모라면 어떤 놀이가 아이에게 좋을지 고민하는 부분은 똑같다고 생각됩니다.

'아이 스스로 소리를 만들고 표현할 수 있는 악기 놀이'

음악을 전공하고 오랜 시간 유아 음악교사로 지내왔던 저이지만, 아이가 가지고 노는 많은 장난감들을 보면서 '악기 놀이'에 대한 마음을 버리지 못했습니다. 때문에 어떻게 하면 악기를 장난감처럼 아이들이 가지고 놀 수 있을까 수없이 고민했죠. 그 고민의 결과들을 여기에 짧게나마 이야기해보려 합니다. 10세 이전, 특히 2~5세의 영유아들이 집에서 부모와 함께 재미있게 가지고 놀 수 있는 간편하고 유익한 악기들을 소개하니, 그 악기들을 장난감처럼 가지고 놀며 자연스레 아이의 음악 창의성을 키워주는 건 어떨까요?

♫ 2세~5세 영유아 시기에 가지고 놀기 좋은 장난감

두드리는 악기

스틱 드럼　아이들이 드럼을 쉽게 잡을 수 있게 북면 끝에 스틱이 달려있습니다. 아이가 스틱 부분을 잡고 북채로 신나게 두드릴 수 있지요. 가장 연주가 편하고 쉽게 소리를 낼 수 있는 악기입니다.

핸드드럼　핸드드럼Hand drum은 손으로 책상을 두드리듯 손으로 여러 가지 리듬을 만들어내는 악기입니다. 다른 드럼과 다르게 말렛(스틱)을 사용하지 않고 손으로 연주합니다. 한 손으로 드럼을 잡고, 나머지 한 손으로 드럼을 두드릴 수 있습니다.
북면의 가죽 부분을 손으로 만져보며 아이의 촉감을 발달 시킬 수 있고, 손톱으로 긁거나 손바닥으로 치는 등 다양한 부위로 여러 가지 소리를 낼 수 있습니다.

톤드럼　나무로 만들어진 드럼입니다. 다른 드럼들과 소리가 확연히 다름을 알 수 있습니다. 드럼을 두드리는 말렛도 고무 재질로 되어있어 스펀지로 만들어진 다른 드럼 말렛과 다릅니다.
일반적인 드럼이 한번 두드릴 때마다 한 가지의 소리만을 내는 데 비해서, 톤 드럼은 2~3가지 혹은 그 이상의 소리를 낼 수 있습니다. 다른 드럼과 소리를 비교하며 연주해 볼 수 있는 장점이 있습니다. 나무 특유의 맑고 고운 소리도 느낄 수 있습니다.

드럼은 큰소리f 포르테와 작은 소리p 피아노를 만들어보고 표현해 볼 수 있는 가장 최적화된 악기입니다.

추천하는 노래

신나게 두드려요　드럼을 신나게 두드린다는 내용의 가사로 이루어진 동요입니다. 아이에게 동요를 들려주며 드럼을 신나게 연주할 수 있도록 해주세요.

흔드는 악기

마라카스　야자과의 식물 마라카의 열매 속을 도려낸 다음, 그 안에 잘 말린 씨를 넣고 손잡이를 단 악기를 마라카스라고 합니다. 손잡이를 잡고 흔들면 소리가 납니다. 마라카스 악기를 구매해도 되지만 집에서 아이와 함께 간편하게 마라카스와 비슷한 악기를 만들어서 가지고 놀 수 있습니다. 아이가 먹고 난 플라스틱 음료 통에 콩, 쌀, 커피콩, 팥 등을 담고 뚜껑을 닫은 뒤 신나게 흔들어 보는 것이죠.

셰이커　셰이커는 플라스틱의 다양한 모양에 구슬을 넣어 만들었습니다. 두 손에 잡고 흔들기 간편합니다. 무게도 무겁지 않아서 아이가 잘 가지고 놀 수 있으며 크기도 작은 것부터 큰 것까지 다양하고 모양도 동그라미, 세모, 하트, 동물 등 다양하게 있습니다. 아이가 평소 좋아하는 모양으로 구매하면 더욱 신나서 연주합니다.
마라카스와 벨은 손에 들고 빠르게fast 느리게slow 템포 놀이 활동하기에 좋습니다. 다만, 단점은 플라스틱 재질이라 쉽게 부서질 수 있고, 부서지면 셰이커 안에 있던 구슬이 나와서 뒷정리가 힘들어집니다.

추천하는 노래

꼭 꼭 심어요 템포가 점점 빨리지는 노래입니다. 악기를 들고 천천히 걷다가 점점 빠르게 걸어봅니다. 빠르고 느린 템포에 맞춰서 악기를 연주해 봅니다.

긁는 악기

개구리 귀로긁어서 소리는 내는 악기를 '귀로'라고 합니다 나무로 만든 개구리 모양의 악기입니다. 울퉁불퉁한 개구리 등 부분을 말렛으로 긁어서 소리를 낼 수 있습니다. 개구리가 개굴개굴 우는 소리를 들을 수 있는 신기하고 재미있는 악기입니다. 특이하고 신기한 소리가 나기에 아이들의 호기심을 자극합니다. 집에서 자연관찰 책을 보며 악기로 개구리 울음소리를 표현해 보는 것도 좋습니다.
등을 긁으며 연주할 수도 있지만, 개구리 머리 부분을 톡톡 말렛으로 두드려 소리를 낼 수도 있습니다. 귀로는 나무로 만든 것도 있고 플라스틱으로 만든 것도 있습니다. 개인적으로는 나무로 만든 귀로를 추천해드립니다.
개구리 귀로 외에도 물고기, 공룡 등 다양한 모양들의 귀로가 있습니다. 아이가 좋아하는 모양으로 구매하시면 됩니다.

추천하는 노래

폴짝폴짝 개구리, 개구리가 노래해요　귀로를 긁거나 두드리거나 2가지 종류의 주법으로 연주하기 좋은 동요들입니다. 한 악기를 가지고 두가지 주법으로 각기 다른 소리를 연주해 봅니다.

효과음 악기

레인메이커　이름 그대로 빗소리를 만드는 악기입니다. 얇고 긴 원형 통에 색색의 구슬이 들어있어서 세로로 세워서 연주하면 구슬이 내려오며 빗소리를 만들어냅니다. 아이들이 신기해하며 호기심 어린 눈으로 관찰하는 악기입니다.
눈을 감고 소리를 들어보게 하거나, 소리를 듣고 비 오는 날에 대해 이야기를 나눠봅시다. 또한 가로로 길게 잡고 흔들면 셰이커 악기처럼 흔들며 연주할 수도 있습니다.

추천하는 노래

비 오는 날　노래 중간에 빗소리가 들립니다. 그 때에 레인메이커로 빗소리를 연주해봅니다.

5세 이후 시기에 경험하면 좋은 악기

멜로디 악기

실로폰　실로폰 중에서도 계단 모양의 실로폰을 추천해드립니다. 아이의 눈으로 음의 높이를 확인하며 연주할 수 있기 때문입니다. 올라갈수록 높은 소리가 나며, 반대로 내려올수록 소리가 낮아지는 걸 아이가 자연스레 알게 되며 음의 변화를 배우게 됩니다. 놀이하듯 음계를 재미있게 공부해 볼 수 있는 악기입니다.

핸드벨　7세 이전의 어린 아이들은 흔들어도 핸드벨 소리가 잘 나지 않는 경우가 있습니다. 아직 흔드는 힘이 약하기 때문이죠. 그래서 터치했을 때 소리를 내는 '터치 핸드벨'을 더 추천합니다. 아직 아이들의 손힘이 약해, 한 번에 흔들어서 큰 소리를 내거나 계속적으로 소리 내는 것이 힘들 수 있기 때문입니다. 터치 핸드벨은 윗부분을 터치하면서 연주를 하면 됩니다. 아이들이 아는 동요를 한음 한음 함께 눌러가며 노래해 봅시다. 자신이 좋아하는 동요 한 곡을 완곡하면 아이는 성취감을 느끼며 기뻐합니다.

추천하는 노래

자라요, 반가워요, 예쁜 벚꽃이　모두 '도 레 미 파 솔 라 시 도' 상행스케일 혹은 하행스케일을 연주 할 수 있는 동요들입니다. 아이들이 자연스럽게 노래하며 상행스케일, 하행스케일을 배울 수 있는 노래입니다.

PART 04

천편일률적인 피아노 교육의 오해와 진실

한글을 모르는 아이도 피아노를 배울 수 있나요?

언제부터 글자를 알아야만 피아노를 배울 수 있었을까요? 아마도 한국에 피아노 교육이 성행하고 동네마다 우후죽순 피아노 학원이 생겨났을 때가 아닐까 싶습니다. 피아노 학원에는 동시간대에 많은 아이들이 몰립니다. 그렇기에 선생님이 한 아이에게만 시간을 할애할 수 없게 됩니다. 그러니 아이들 스스로 해야만 하는 것들이 많아지게 되지요. 초등학생들은 스스로 할 수 있는 나이가 되어가는 과정이라 적응이 쉬울 수 있지만, 7세 이전 친구들은 다릅니다. 학원에서 책을 넘기고 스스로 이론 공부를 하는 시간이 보통 30분 정도가 되는데, 글조차 제대로 알지 못하는 아이들이 그 시간을 혼자서 주도적으로 학습하며 보내기란 쉽지 않습니다. 그러다 보니 어리지 않고, 어느 정도의 글자를 알아야지만 피아노 교육이 가능하다는 이야기가 나오는 것입니다.

그러나 정확히 말하자면 피아노를 배우는데 글자를 알 필요는 전혀 없습니다. 글자를 몰라도 피아노를 배울 수 있고, 연주할 수 있습니다.

♫ 숫자만 알면 피아노를 배울 수 있다?

"한글을 몰라도 숫자만 알면 피아노 교육이 가능하다는 곳이 있어요."

간혹 이렇게 잘못된 정보를 가지고 저에게 상담을 요청하시는 부모님들이 계십니다. 숫자로 피아노를 배우는 방법이란, 손가락에 번호를 매겨 피아노를 치게 하는 교육 방법 입니다.

오른손 기준, 엄지 손가락은 숫자 ①번으로 '도'를, 검지는 숫자 ②번으로 '레'를, 중지는 숫자 ③번으로 '미'를, 약지는 숫자 ④번으로 '파'를, 새끼 손가락은 숫자 ⑤번으로 '솔'을 의미합니다.

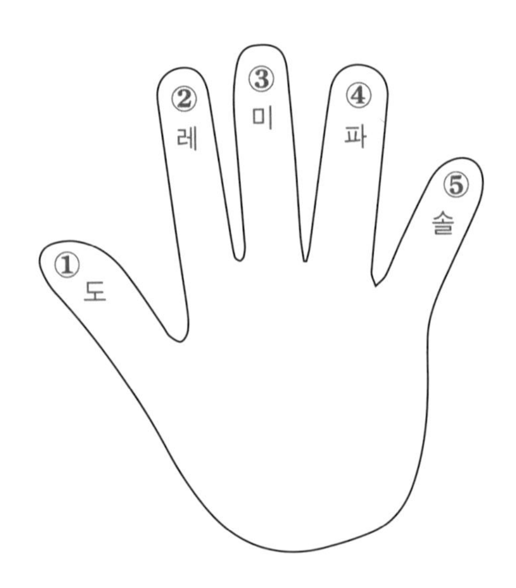

그러나 이러한 방법을 사용할 때 유의해야 할 점이 있습니다. 피아노의 건반은 88개입니다. 우리의 손가락은 10개이고, 음악에는 다양한 조성이 있습니다. 또 높은 음과 낮은 음이 있지요. 그만큼 우리 아이들은 다양한 음역대에서 열 손가락을 두루 사용하여 연주할 수 있다는 것입니다. 꼭 가온 자리에서 오른손 ①번 손가락으로 '도'만 쳐야 하는 것은 아닙니다. 다장조C Major Key 기준에서 손가락 번호로 피아노를 배우게 된 아이들은 다른 조성으로 피아노를 배울 때 당황하는 모습을 보입니다. 도가 ①번 손가락이라는 고정관념 때문에 '솔'이 '도'가 되는 사장조G Major Key를 연주하라고 하면 혼선이 오는 것이지요. 아이가 '도는 ①번 엄지손가락'이라는 정형화된 생각을 가지지 않게 주의해야 합니다.

이것만 주의한다면 우리 아이들은 글자를 몰라도 피아노 건반의 낮은 소리와 높은 소리를 다 연주해 볼 수 있습니다. 다장조만으로 피아노를 치는 게 아닌 사장조, 바장조F Major Key, 가단조A minor key 등 다양한 높이의 음과 조성을 느끼고 경험할 수 있습니다.

유아 시기에 오선악보를 보고 피아노를 치는 것은 악보 읽는 것이 중심이 되어버리는 교육 방식을 고착화하기 때문에 아쉬운 부분이 많습니다.

그러나 감각적으로 피아노를 시작하고 배워나가게 되면 '다장조'가 아닌 다른 조성에서 노래를 연주하거나 가온자리가 아닌 다른 음역대에서 피아노를 치게 되어도 '틀렸다'라는 생각을 갖지 않고, 되려 열린 생각을 가지게 됩니다. 창의력이 자라나는 것이지요. 조성은 무려 12가지가 있습니다. 여기에 재즈 조성까지 더하면 다장조가 아니더라도 연주할 수 있는 조성은 더욱 많아집니다.

저는 이러한 여러 이유로 아이들이 글자를 알기 전에 피아노를 배우는 것이 더욱 효과적이라고 생각합니다. 다양한 음역대의 소리를 낼 수 있는 피아노를 이용해 아이들 스스로 열 손가락을 사용해 멜로디를 만들어 보고, 연주함으로써 자유롭게 피아노를 탐험하고 즐겁게 음악을 경험할 수 있습니다.

♪ 한글 몰라도 피아노 배울 수 있다!

한글을 알지 못해도 피아노를 가르치는 방법은 간단합니다. '도 레 미 파 솔 라 시' 음계를 색과 연결시켜 알려주는 것입니다. 아직 오선을 보기 힘든 나이인 8세 이전의 아이들도 색 음계를 통해 즐겁게 피아노를 연주합니다. 글을 몰라도, 숫자를 셀 줄 몰라도, '빨강 주황 노랑 초록 하늘 파랑 보라' 7가지 색만 가지고 피아노를 재미있게 배울 수 있습니다.

색 음계를 활용해요

음에도 약속된 색이 있습니다. 예를 들어 '도'의 색은 '빨강'인데, 이는 한국뿐 아니라 다른 나라에서도 동일합니다. 아이에게 이 고유의 색을 활용해 음계를 알려주는 것입니다.

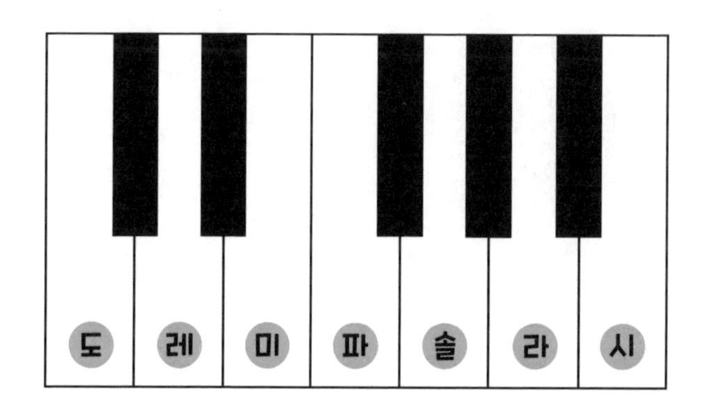

빨강 주황 노랑 초록 하늘 파랑 보라

아이와 색 음계로 악보를 만들어보아요

스케치북과 색연필이면 충분합니다. 아이가 좋아하는 노래의 악보를 색 음계를 이용해 만들어 보세요!

예를 들어, 동요 <작은별>을 연주해야 한다면, 아래의 형식을 이용하는 것이지요.

빨 빨 하 하 파 파 하늘
반 짝 반 짝 작 은 별

초 초 노 노 주 주 빨
아 름 답 게 비 추 네

만약 동요 <거미>를 연주해야 한다면,

빨 빨 주 노 노 노 노

거 미 가 줄 을 타 고

주 빨 주 노 빨

올 라 갑 니 다

하는 식으로 부모와 아이만의 색 음계 악보를 만들어서 피아노를 칠 수 있게 해주면 됩니다.

나도 피아노 가르쳐 줘!

저는 아이들에게 피아노를 가르치는 선생님으로 살아가고 있습니다. 많은 부모님들이 저에게 상담을 요청을 하는데, 그때마다 부모님들이 저에게 물어보는 질문 하나가 있습니다.

"우리 아이가 피아노에 관심을 가졌으면 좋겠는데 좋은 방법이 없을까요?"

부모의 입장에서 아이가 먼저 피아노를 배우고 싶다고 말하면 아주 고맙지요. 그러나 항상 애가 타는 쪽은 부모입니다. 저는 이럴 때, 욕심을 내려놓고 아이가 배움을 원하는 때를 기다리는 게 좋다고 말합니다. 아이가 관심을 가지고 스스로 배워보고 싶을 때 피아노 교육을 시작하면 가장 교육의 효과가 좋기 때문입니다.

그런데 부모의 아무런 노력 없이, 그냥 내버려 둔다고 해서 아무 관심

없던 아이가 어느 날 갑자기 관심을 가지고 "나 피아노 배워보고 싶어." 하고 말하지는 않겠죠. 아마 그럴 경우는 희박하다고 보는 게 맞습니다. 물론, 부모가 아닌 다른 외부에서 자극을 받은 경우가 있겠죠. 그런 경우가 아니면 갑자기 배움에 대한 거부감이 긍정으로 변하지는 않을 것입니다. 그렇다면 부모가 해줄 수 있는, 아이가 자연스럽게 피아노에 관심을 가질 수 있게 하는 가장 자연스러운 방법엔 뭐가 있을까요?

♪ 피아노 흥미 키우기

그림책이나 동화책 중에서 피아노가 등장하는 책을 찾아서 함께 읽어보는 것입니다. 이 방법은 그림책이나 동화에 관심이 있는 5세~8세에서 제일 효과가 좋습니다. 책을 통해 자연스럽게 피아노를 인식시키며 거부감을 줄이고 아이가 관심을 가질 수 있게 하는 것입니다.

아이들은 책을 읽으면서 '나도 해보고 싶다. 어떤 기분일까?' 하며 책 속의 등장인물에 이입해 다양한 상상을 해보곤 합니다. 현실과 상상의 세계를 자유롭게 드나들 수 있는 아이들에게, 책으로 피아노를 노출시켜주는 것은 최고의 자연스러운 방법이 아닐까 생각합니다.

혹시 집에 피아노가 있다면, 부모가 직접 간단한 동요라도 쳐주는 것이 좋습니다. <작은 별>이라는 노래도 괜찮고, <비행기>도 괜찮습니다. 아이가 아는 노래, 아이가 부를 수 있는 노래라면 더욱 좋겠지요. 아이나 어른이나 내가 조금이라도 아는 것에 더 관심이 생기고, 흥미가 생기며, 직접 참여하고 싶어지는 게 당연합니다. 부모가 자연스럽게 피아노에 대해 관심을 가질 수 있는 환경을 만들어 주는 것입니다. 그러면 아이의 마음에서 '나도 피아노 치고 싶다. 나도 피아노 배워볼까?' 하는 생각이 슬며시 피어오를 것입니다.

잊지 맙시다. 가장 중요한 것은 '자연스러움'과 '아이 스스로의 의지'입니다. 그것에 더해 아이를 향한 부모의 관심과 아이를 위해 노력을 더 하는 부모의 적극적인 태도가 있다면 더할 나위 없이 최고입니다.

추천하는 동화책

『피아노 소리가 보여요』 명수정(글로연. 2016)

『까칠까칠 피아노 애벌레』 리처드 그레이엄(미래아이. 2018)

『피아노 치는 곰』 김영진(길벗어린이. 2016)

『피아노를 쳐 줄게』 앤더(사계절. 2010)

『노래하지 않는 피아노』 정명화(비룡소. 2010)

좋은 피아노 선생님의 조건

저는 오랜 시간 아이들을 가르치는 선생님으로 살아가고 있습니다. 제가 경험해 보니 선생님이라는 직업은 잘 가르치는 것도 물론 중요하지만, 그것보다 더 중요한 자질들이 많이 필요한 것 같습니다. 그중에서도 제일은 자신의 직업에 사명감을 가지며, 아이들을 아끼고 사랑하는 마음이 동반되어야만 한다는 것입니다.

어떤 교육이든 선생님의 자질은 중요합니다. 재능이 있는 아이도 어떤 선생님을 만나냐에 따라 그저 원석으로 남아있을 수도, 보석으로 탈바꿈 될 수도 있죠. 그렇다면 내 아이의 음악 교육에서 어떤 선생님을 만나야 좋을까요.

여기서 짧게나마 제가 생각하고 느낀 점들을 말해보려고 합니다.

♪어떤 선생님이 좋은 선생님일까?

피아노만이 아닌, 폭넓게 음악을 알려주는 선생님

피아노를 배우러 왔으니까 피아노만 주야장천 치게 하는 선생님이 있습니다. 이보다는 피아노 위주로 레슨을 하되, 넓게 보고 음악에 대한 이해를 심어주는 선생님이 좋은 선생님이란 생각이 듭니다. 조금만 신경 쓰고 준비한다면 가능한 일이지요. 아이들과 다양한 음악을 함께 들어볼 수도 있고, 피아노 외의 악기를 구비해서 방학 때 특강으로 알려줄 수 있는 선생님이라면 더더욱 좋습니다. 또한 작곡이나 작사, 직접 노래를 불러볼 수 있는 다양한 음악 기회를 줄 수 있는 선생님이라면 그야말로 최고입니다.

각각의 아이 속도에 맞춰 레슨을 진행하는 선생님

수업을 하다 보면 아이의 속도가 아닌 선생님의 속도에 맞춰서 아이를 가르치는 경우가 많습니다. 흔히 말하는 그 '진도'에 의의를 두고 당장의 눈에 보이는 역량 향상에만 힘을 들이는 거죠. 당장은 그 속도에 잘 맞춰가는 아이가 있더라도, 결국엔 아이이기에 탈이 나기 마련입니다.

아이들은 아이들만의 속도가 있습니다. 그 속도에 맞춰 차근차근 기초와 개념을 탄탄히 다지고 올라간 아이가 피아노를 잘 치게 됩니다. 당장의 진도가 남들보다 빠르다고 해서 피아노를 잘 치는 게 아니라는 걸 다시 한번 말 씀 드립니다. 진도가 아닌, 아이들의 속도를 맞춰줄 수 있는 선생님. 그런 선생님이 우리 아이의 음악 교육에 적합한 선생님 입니다.

아이의 성향을 잘 파악하는 선생님

함께 수업을 해나갈 아이의 성향을 잘 파악하는 것이 선생님의 덕목에서 아마 제일 중요한 부분이 아닐까 싶습니다. 이는 전반적인 음악 교육의 방향을 설정하는데 중요한 이정표가 되지요. 간혹 이것조차 파악하지 않고 그저 정해진 대로만 교육을 하는 선생님들이 있습니다. 자칫하면 이는 아이의 음악에 대한 흥미를 반감시킬 수 있죠,

한 아이 한 아이 성향이 모두 다릅니다. 그러니 당연히 각자 잘하고 흥미를 느낄 수 있는 영역도 차이가 나죠. 선생님의 피아노 실력과는 별개로 아이 성향을 잘 파악하는 선생님이 아이에게 음악에 대한 흥미를 북돋아 주며 성공적인 수업을 이끌어 갈 수 있습니다.

늘 공부하고 배우며 발전하는 선생님

내가 배운 것 안에서만 아이들을 가르치는 좁은 선생님이 아니라, 스스로 배우고 성장하는 선생님을 아이와 만나게 해주세요. 아이들이 성장하는 것처럼 선생님도 매년 성장해야 합니다. 고여있는 물은 시간이 지나면 썩듯, 이전의 교육 방식에만 머물러 있는 선생님은 아이에게 양질의 교육을 해주지 못할 가능성이 큽니다.

시대가 변할수록 아이들이 선호하는 동요도 변하고, 매년 새로운 교

육 방법들이 쏟아져 나옵니다. 현재 음악 교육 시장에서는 어떤 것들이 유행하고 또 어떤 새로운 교육 방법들이 나왔는지 등을 빨리 파악하고, 새로운 방법으로 아이들에게 다가가려고 노력하는 선생님이 좋은 선생님입니다.

아이 중심에서 수업 연구를 하는 선생님

앞서 얘기한 '늘 공부하고 배우며 발전하는 선생님'과 일맥상통하는 부분입니다. 아이들이 계속 피아노에 흥미를 가지고 재미있게 배우려면 끊임없는 선생님의 수업 연구와 노력이 필요합니다. '더 쉽고 재미있게 가르칠 수 있다면?', '아이의 실력 향상을 위해 내가 어떤 걸 도와줄 수 있을까?' 등등 아이의 기준에서 수업의 방향을 고민해야 합니다. 선생님 자신은 쉽게 배웠을 수 있지만, 내가 가르치는 아이는 자신과 충분히 다를 수 있다는 것을 인식하고 있는 선생님이 우리 아이에게 적합한 선생님입니다.

부모의 마음을 사로잡기보다, 아이 마음을 만져주는 선생님

배우는 건 아이지만 결국은 부모 주머니에서 학습 비용이 나오는 것이기 때문에 종종 아이의 만족보다는 부모의 만족을 더 중요시하는 선생님들이 있습니다. 부모님들 중에서도 아이의 만족보다는 나 자신의 만족이 더 우선시되는 분들도 있죠.

그러나 모든 교육의 중심은 아이들이어야 한다는 걸 잊지 마시길 바랍니다. 선생님이든 부모님이든 피아노를 배우는 주체인 아이의 만족에는 신경 쓰지 않는다면, 그건 아이의 성장으로 이어질 수 없습니다.

진심으로 아이만을 위해 피아노 교육을 해줄 수 있는 선생님을 찾되, 부모인 내 마음에 선생님이 마음에 들지 않는다고 해서, 다른 선생님을 찾기보다는 아이가 만족하고 있는지를 우선 살펴보시길 바랍니다.

음악을 사랑하는 마음을 알려줄 수 있는 선생님

음악뿐 아니라, 미술 체육 어떤 것이든 애정이 있어야 지치지 않고 꾸준히 할 수 있습니다. 사랑이 곧 대상에 대한 즐거움이며 원동력이죠. 아이들 또한 마찬가지입니다. 자신들이 좋아하고 즐거워하는 것을 더 열심히 합니다. 단순히 주입식으로 가르치는 방식은 아이를 지치게 만듭니다. 피아노의 이론과 기술적 측면만을 가르쳐 주는 것이 아니라 음악을 사랑하는 마음을 가지게 만드는 선생님이 좋은 선생님입니다.

"어릴 때 피아노를 재미있게 배웠던 기억이 있어. 그래서 지금도 피아노가 좋아!"

피아노를 배우는 아이들이 어른이 되어서도 피아노와 음악에 대해 좋은 기억으로 추억할 수 있도록, 그래서 음악을 진짜 평생의 취미로 삼을 수 있도록, 음악을 좋아하고 사랑하는 아이들로 자랄 수 있도록, 아이들 각자의 개성과 재능을 파악해 가능성을 발휘할 수 있게 도와주는 선생님을 우리 아이가 만날 수 있게 해주세요.

바이엘, 체르니 아니어도 된다

태어나서 단 한 번도 피아노를 배워본 적이 없는 사람일지라도 들어 본 적은 있는 단어가 있습니다. 바로 '바이엘'과 '체르니'입니다. '우리 아이 피아노 수업 좀 시켜볼까?' 하고 생각하는 부모들, 현재 자녀에게 피아노 수업을 시키고 있는 부모들 모두가 비슷하게 하는 말이 몇 개 있습니다.

"바이엘 몇 권 배우고 있어?"

"체르니 들어갔니?"

피아노를 시작하게 되면 보통 바이엘 1~4권 이후 체르니 100번 30번 40번으로 순서로 진도를 나갑니다. 그만큼 중요하게 여기며 피아노 교육의 목표로 작용하는 바이엘과 체르니임에도, 왜 바이엘 3~4권 혹은 체르니 100에서 피아노 교육을 멈춰버리는 아이가 많을까요?

♪바이엘과 체르니 바로 알기

바이엘과 체르니는 피아노의 스킬을 연마하기 위해 만들어진 교재들입니다. 독일의 작곡가인 바이어Beyer Ferdinand(1803~1863)와 오스트리아의 작곡가이자 피아니스트인 체르니Czerny Karl(1791~1857)가 제자들의 연주 기술 향상을 위해 작곡했던 곡들이 모아져 현재 우리가 흔히 쓰는 교재가 된 것이지요.

무엇이든 아이들은 재미가 있어야 지치지 않고 꾸준히 배워가는데, 손가락 빨리 움직이게 만들기, 트릴 연습, 셋잇단음표 적응하기 등등 기술 연마를 위한 교재인 바이엘과 체르니만을 독보讀譜 하니 영 재미가 없고 지루하기만 한 것이지요. 물론, 연주 기술이 잘 연습되면 소나티네 모차르트 베토벤 등의 연주곡들을 치기가 한결 수월해지는 장점이 있습니다. 그러나 연주 기술을 연마해 완벽한 작품을 치려는 목적으로 피아노를 배우는 아이가 몇 안 되는 것이 현재 피아노 교육의 현실임에도 기술적인 측면이 강조되는 교재가 계속 쓰이고 있습니다. 이렇다 보니, 그냥 피아노 자체가 좋아서 취미로 시작한 아이들은 십중팔구 바이엘과 체르니에서 포기하고야 마는 현실입니다.

♪그래도, 체르니까진 쳐야지……

그러나 대부분의 부모님들은 아이가 체르니 100번, 30번까지 배우면 피아노는 '거의 다 배운 것'이라는 생각을 하거나, '당연히 모든 노래를 칠 수 있는 거 아니야?' 하고 착각하곤 합니다. 대한민국 아이들의 피아노 잘 치는 기준이 바로 '체르니'를 들어갔는지 아닌지의 유무가 되어버린 것입니다.

아이가 재미있게 배웠으면 하면서도 바이엘 체르니를 포기 못하는 부모, 그리고 그런 부모의 기대에 반할 수 없어 바이엘 체르니를 교육을 못 벗어나는 안타까운 교육 현실입니다.

한 아이가 부모 손에 이끌려 저에게 상담을 온 적이 있었습니다. 이미 체르니 50까지 다 배운 아이였죠. 그러나 아이는 피아노가 싫다고 했습니다. 그런데 어찌 그 오랜 시간 피아노를 배웠냐고 물었더니 "부모님이 중간에 그만두면 안 된다고 해서 어쩔 수없이 계속했다"라고 이야기했습니다.

제가 제일 안타까운 마음이 들 때가 바로 '아이들이 억지로 배우다'가 피아노를 싫어하게 되고 음악을 좋아하지 않게 되는 것입니다.

아이가 본인의 의지로 피아노를 배우고 싶어 했고, 그 마음에 더해 부모 생각에도 내 아이가 악기 하나를 잘 배워서 평생 취미로 했으면 했는데, 스킬과 독보 위주의 주입식 교육 방법으로 인해 짧게 1년 혹은 길게 2년 정도 다니다가 피아노는 쳐다도 보지 않는 현실에 놓이는 것이 너무 안타깝지 않나요? 그렇게 그만두게 되면 아이는 커서도 피아노 뚜껑을 다시는 열지 않을 가망성이 매우 크고 다시 배우고 싶은 마음이 들지 않을 확률이 아주 높습니다. 너무너무 재미있게 배우고 있어서 더 배우고 싶고 미련이 남는데 사정상 잠시 그만 배우는 것이 아니라 피아노가 싫어져서 그만둔 거니까요. 피아노에 대한 좋은 기억이 남아있지 않으면 다시 악기를 시작하기란 쉽지 않습니다. 시간이 지난다고 조금 쉰다고 해서 다시 배우고 싶은 열정이 불타지 않지요.

♪바이엘 체르니 아니어도 된다

그렇다면 바이엘 체르니 교재로 피아노를 배우지 않아도 아이가 피아노를 잘 칠까요? 그렇습니다. 두 교재가 아니어도 피아노를 즐기며 잘 칠 수 있습니다. 피아노를 배우는데 중요한건 바이엘 체르니가 아닙니다.

독보 위주의 교재를 만나기 이전에, 아이에게 기본적인 음악성을 키워주는 것이 더욱 중요합니다. 이미 한국을 제외한 여러 나라에서는 기술 교재 위주의 피아노 교육이 아닌, 놀이를 포함한 재미 위주의 피아노 교육을 진행하고 있습니다. 이에 더하여 피아노만 가르치고 치기보다는 전반적인 음악성을 키워주기 위해 다양한 수업을 진행합니다. 듣는 훈련청음, 노래 부르기, 친구들과 합주하기, 리듬악기로 리듬 연주하기 등등 수업시간 내내 연습 방에 혼자 들어가 피아노를 치고 나와서는 이론 문제집을 푸는 형태의 한국 피아노 학원과는 확연하게 다른 수업 진행 방식을 적용하고 있죠.

독보와 스킬 위주의 수업을 하지 않아도 아이의 음악성은 깊어지고,

얼마든지 피아노를 잘 치고 즐길 수 있습니다. 가장 중요한 것은 아이가 '재미'를 느끼는 것입니다. 어린 시절 피아노를 재미있게 배운 아이들은 언제든 피아노 앞에 앉아서 두드리고 연주합니다. 피아노라는 악기가 자신의 친구가 되는 것이지요.

제가 독보보다 중요하게 생각하는 것이 있는데, 바로 청음 훈련입니다. 아이들에게 악보를 보고 틀리지 않게 치는 것에 치중하기보다는 여러 소리를 스스로 만들어보고 어울리는 화음을 찾아보게 해주세요. 어느 순간 아이는 TV에서 들었던 CM송이나 애니메이션 주제가를 악보 없이, 스스로 음을 찾아내 연주할 수 있게 됩니다.

아이는 자신의 이런 모습에 스스로 뿌듯함을 느끼며 그 노래에 더욱 애착을 가지고 연주하는 것에 재미를 느낍니다. 절대음감이든 상대음감이든 상관없습니다. 내가 들은 노래의 음을 찾아 피아노를 치는 것이 그저 즐거울 따름입니다.

♪ 아이들 눈높이에 맞는 교육이 필요하다

아이가 한창 피아노에 대한 흥미를 키워가는 중이라면, 특히 7세 이전 아이들에게는 기술 위주의 교육 방식이 맞지 않습니다. 무조건적인 바이엘과 체르니 교재 교육을 우리 아이 피아노 교육의 기준으로 삼기보다는 아이가 스스로 피아노 연주를 좋아하고 즐기는 아이로 자라도록 도와주는 게 더욱 중요합니다.

우리 아이가 반주하며 노래 부르는 걸 좋아하는지, 자신이 좋아하는 노래를 치고 싶은 건지, 스스로 노래를 만드는 것에 관심이 있는지, 세심하게 관찰하고 아이를 바라봐 주도록 합시다. 그러고 나서 내 아이에게 더 적합한 피아노 교육을 시켜준다면, 아이는 오랜 시간 피아노를 즐기며 실력을 향상할 수 있을 것입니다. 피아노를 친구처럼 만나고 쉽고 재미있게 배울 수 있는 프로그램을 찾아 내 아이가 가장 흥미로워 하는 것을 직접 선택하도록 해주는 것도 좋은 방법입니다.

어른의 기준과 눈높이가 아니라 아이의 중심에서 쉽고 재미있게 피아노를 배울 수 있도록 도와주도록 합시다.

아이들이 재미를 느끼고, 주도적으로 피아노를 연습하며 배워나갈 때, 비로소 자신의 실력이 형성됩니다. 그런 즐거운 기억들이 쌓여 더 복잡하고 긴 곡을 연주할 수 있는 힘이 생기게 되는 것입니다.

왜 매번 똑같은 곡만 연주하지?

"원장님, 우리 애가 집에서 피아노를 치긴 치는데, 매번 똑같은 곡만 연주해요. 제발 다른 곡 좀 쳐보라고 해도 절대 안쳐요. 매일 듣는 저는 사실 지겨운데 아이는 지겹지도 않는지 매일 같은 노래면 반복해서 쳐요. 다른 곡도 좀 쳤으면 좋겠는데…"

부모들이 이런 고민을 저에게 자주 이야기를 하십니다. 사실 아이들 중에 열에 아홉은 똑같은 곡만 연주합니다.

아이들도 각자의 성향과 취향에 따라 자신이 특히 좋아하는 노래가 있습니다. 그런 노래는 누가 시키지 않아도 지겹도록 반복하여 피아노를 칩니다. 아이에게도 피아노 연주에 있어 자신의 애창곡이 생겨야 합니다. 언제 어디서든 자신있게, 좋아하는 감정을 담아 즐거운 표정으로 연주를 하는 곡 말이지요. 그럼 아이만의 '연주 애창곡'을 만들어 주기 위해서 부모가 도와줄 수 있는 일은무엇일까요?

♪ 아이의 연주를 잘 경청하고 소감을 진솔하게 말한다

누군가 나의 연주를 잘 들어준다고 느끼게 되면, 아이의 마음 속에는 또 다른 곡도 연주해 주고 싶은 감정이 자연스럽게 싹트게 됩니다. 그동안 지나치듯 아이가 피아노 치는 걸 잠깐잠깐 들었다면 더더욱 진지하게 들어줄 필요가 있습니다.

아이의 입장에서는 부모는 내가 피아노 칠 때마다 잘 듣지도 않으면서, "넌 왜 맨날 똑같은 곡만 치니?"라고 말하면 간섭하는 것처럼 느껴질 수가 있습니다. 자칫 즐거워서 치는게 아니라, 일종의 반항 심리로 다른 곡보다 한 곡에 집착하게 되는 경우도 있습니다.

특히, 아이에게 이런 말은 삼가면 좋겠습니다. "너 요즘 배우는 거 한 번 쳐봐라" 이렇게 지시하듯 시키는 명령의 말 말입니다.

♪ 아이와 함께 '연주 애창곡'을 찾아서 들어보기

아이가 배우고 싶어 하거나 연주하고 싶어 하는 곡을 함께 들으며 찾아주도록 합니다. 집에 CD가 있다면 오디오로 들려주면 가장 좋습니다. 아이에게 그 음악에 대한 애착과 더불어, 부모와 함께한 추억이 담겨 있는 곡으로 남게 될 것입니다.

아이가 즐겨 연주하는 곡의 음반을 주말에 함께 사러 가는 것도 아주 훌륭합니다. 그게 어렵다면 음원 스트리밍 사이트에서 그 음원을 찾아서 함께 들어보는 것도 좋습니다.

또 인터넷에서 다른 여러 사람이 연주한 영상을 찾아 아이와 함께 들어보도록 합시다. 곡의 작곡가나 전문 연주가가 연주하는 영상이 있다면 더욱 좋겠지요. 아이는 이 과정에서 자신과 다른 연주 지점 등을 발견할 것입니다. 그러나 가장 좋은 것은 부모가 혹시 피아노 연주가 가능하다면 직접 연주하여 들려주는 것이겠지요.

부모와 함께 음악을 듣는 것에 아이가 흥미를 보인다면, 더 자주 연주해주고 들어보도록 합시다. 그런 경험들이 우리 아이의 연주 애창곡 목록을 더욱 풍성하고 다양하게 만들어 주는 것입니다. 동시에 이런 경험만으로도 아이는 음악에 대한 사랑이 더욱 깊어지게 됩니다.

아이가 매번 똑같은 곡을 친다고 해도 즐거운 마음으로 들으며 칭찬해 주도록 합시다. 드디어 우리 아이에게도 연주 애창곡이 생기고 있는 중이니까요.

아이는 완벽히 한 곡을 마스터하면, 그다음 연주 애창곡을 또 만들게 됩니다. 그렇게 한 곡 한 곡이 모여서 아이의 애창곡 목록이 만들어지는 것입니다. 언제 어디서든 즐거운 마음으로 자신 있게 연주할 수 있는 곡들이 생기고, 자신만의 연주로 재해석되어 꽤 오랜 즐거움으로 남게 됩니다.

아이가 자신만의 애창곡 목록을 만드는 것에는 아이 본인의 노력과 함께 부모의 관심과 배려 그리고 사랑이 필요합니다.

피아노 언제쯤 사주면 좋을까?

"원장님, 피아노 언제쯤 사주면 좋을까요?"

많은 부모님들에게 자주 듣는 질문중에 Best 3에 들어가는 질문이죠. 보통 부모가 원해서 사주고 싶다는 의견이 대다수 입니다. 이에 저는 이렇게 이야기를 해줍니다.

"지금 안 사주셔도 됩니다. 조금 더 있다가 사주세요. 아이가 정말로 원할 때, 간절히 원할 때 사주시면 됩니다."

♪아이가 원할 때가 바로 피아노 구매의 적기

그렇습니다. 부모가 피아노를 사주고 싶을 때는 대부분 아이의 욕심이 아니라 부모의 욕심이 들어간 시기입니다. '피아노를 좀 더 쳤으면.',

'집에 피아노를 사주면 아이가 더 자주 치려나.' 하는 마음이 쏙 묻어날 수밖에 없지요. 아무래도 그런 생각과 마음을 담아 아이에게 피아노를 사주면, 부모 뜻대로 아이가 피아노를 잘 치지 않을 때 괜히 아이만 더 꾸짖고 닦달하게 되는 상황이 벌어집니다. 바로 그런 점들이 아이가 피아노와 멀어지게 되는 계기가 될 수 있습니다.

반대로, 부모의 일방적인 욕심이 아닌 아이 스스로가 피아노에 관심이 있고 피아노 그 자체가 좋아서 가까이 두고 싶을 때, 그때 피아노를 사주게 되면 아이는 피아노에 더욱 애착을 두게 되며 오랜 시간 피아노와 친구처럼 지낼 수 있게 됩니다. 그로써 피아노가 아이의 평생 취미가 될 가능성이 한층 커지게 되죠.

아이나 어른이나 누가 시켜서 하는 건 큰 도움이 안 되고, 의미가 없습니다. 내가 간절히 원했을 때 받은 피아노 선물은 음악과 더 깊이 사랑에 빠지는 계기가 됩니다. 아이가 간절히 원하는 바로 그때가 피아노를 사줄 가장 적절한 시기입니다.

PART 05

아이의 두뇌가 춤추는 음악 놀이

실생활을 응용한 음악 놀이

음악적 환경에 지속해서 노출되는 것만으로도 우리 아이의 음악성은 쑥쑥 커집니다. 음악적 환경을 만드는 게 어렵고 거창한 일이 아닙니다. 아이가 자동차를 가지고 노는 걸 좋아한다면 그것에 맞춰 음악 놀이를 해주거나, 아이가 좋아하는 장소와 연관하여 음악 놀이를 해주는 것만으로도 충분합니다. 현재 내 아이가 심취해 있고 관심 있는 것이 무엇인지 잘 살펴보고, 그에 어울리는 동요를 찾아서 함께 듣고 부르며 활동 놀이를 한다면 그것 자체가 바로 멋진 부모표 음악 놀이 수업이 되는 것입니다. 그러나 그 방법을 잘 알지 못해 가정에서 어떻게 음악 교육을 해야 할지 고민을 하는 부모님들을 저는 많이 봐왔습니다. 그런 부모님들을 위해 아이와 함께 할 수 있는 음악 놀이 수업 몇 가지를 이 책에서 소개해 보려고 합니다.

지금부터 소개하는 동요들은 모두 유튜브에서 '노래 제목 + 김성은'을 검색하면 들을 수 있습니다.

♫ 마트 놀이

노래 제목 마트 가자

작사·작곡 김성은

여자아이 남자아이 할 것 없이 좋아하는 곳이 마트입니다. 좋아하는 것들과 흥미로운 것들이 넘쳐나는 장소이니까요. 진짜 마트에 가서 음악 놀이를 하면 더할 나위 없이 좋겠지만, 매일 마트에 갈 수 없으니, 집에서 아이와 마트에 간 것처럼 상황극으로 놀이를 대신해 봅시다.

집에 있는 장난감과 물건들을 마치 마트의 매대처럼 진열하고, 아이와 바구니를 들고 우리만의 마트로 물건들을 사러 가는 것이지요. 위의 악보 속 '하나 둘 셋 넷 다섯' 부분을 아이와 함께 따라 부르며 물건을 담아보도록 합시다.

♫ 화장 놀이

노래 제목 화장 놀이

작사·작곡 김성은

혹시 아이가 엄마의 화장품에 관심을 가지나요? 그럴 때 집에 있는 화장 놀이 장난감어린이용 화장품이 있다면 위의 동요를 들으며 자연스레 활동 놀이를 해봅시다. 만약 화장 놀이 장난감이 없다면, 스케치북에 얼굴을 그리고 색연필로 화장 놀이를 하면 됩니다.

♫ 자동차 놀이

노래 제목 트럭 운전기사, 신호등을 건너요

작사·작곡 김성은

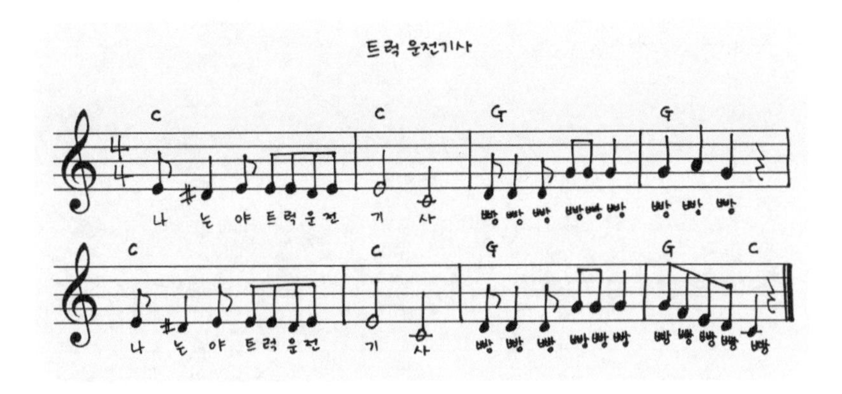

집에 장난감 트럭이 있다면, 여러 가지 물건을 실어날라 봅시다. 이때, <트럭 운전기사> 노래를 들려주고 또 같이 따라 불러봅시다. 특히, 다양한 리듬과 패턴으로 '빵 빵 빵' 부분을 불러 봅시다. 이때, 손뼉을 치거나 집에 있는 리듬악기를 이용하면 더 좋습니다.

<신호등을 건너요>는 실제 거리에서 신호등을 건널 때 활용하면 좋습니다. 특히 '빨간불 안 돼요. 초록불 건너가세요.'라는 가사에 맞춰, 신호등에 초록불이 들어오면 횡단보도를 건너고, 빨간불에서는 멈춰보세요. 아이에게 자연스럽게 교통안전 교육을 할 수 있습니다.

밖에 나가기가 어렵다면, 집에 있는 재료들을 활용하여 동요 놀이를 해주세요. 색종이를 이용해 신호등을 만들고, 바닥에는 흰색의 A4용지로 횡단보도를 만들어주세요. 음이 길어지는 '초록불' 부분의 𝄐 페르마타fermata 원래 박의 2~3배로 길게 연주하는 부분를 느껴보며 자유롭게 몸으로 표현해 보도록 합시다.

♫ 물고기 잡기

노래 제목 잡아요 잡아요

작사·작곡 김성은

아이들이 집중력을 발휘하는 놀이 중 하나가 바로 낚시 놀이입니다. 집에 낚시 놀이 장난감이 있다면 <잡아요 잡아요> 노래를 부르며 활용해 주세요. 다양하게 변화되는 템포에 맞춰 낚시 놀이를 하는 아이를 발견할 수 있을 것입니다.

♫ 요리 놀이

노래 제목 김밥, 지글지글

작사·작곡 김성은

아이들은 촉감 놀이하는 것을 좋아합니다. 김밥 싸기는 부모와 함께 할 수 있는 좋은 촉감 놀이 중 하나입니다. 실제로 아이와 함께 김밥을 싸며 <김밥> 노래를 듣고 같이 불러보세요.

'무얼 넣을까 무얼 넣을까' 부분에서 아이와 김밥을 만들 때 어떤 재료를 넣을지 실제로 이야기를 해 봅시다. 가사가 비어 있는 부분에는 계란, 햄, 참치, 맛살 등 실제로 김밥에 넣을 재료를 말해보세요. 이때 말에 리듬을 섞어 이야기해 봅니다.

아이와 같이 요리를 하거나, 소꿉놀이 장난감 혹은 찰흙을 활용하여 요리 놀이를 할 때 <지글지글> 노래를 듣고 불러봅시다.

작은 이불과 스카프 등, 천과 볼풀 공을 이용해서 활동 놀이를 해보는 것도 추천합니다. 천의 양 끝을 아이와 마주 잡고, 팽팽해진 천 안에 볼풀 공을 넣습니다. 노래의 마지막 부분에서 소리가 커졌을 때, 잡고 있는 천을 세게 당겨 공을 하늘 위로 튕겨보세요. 마치 지글지글 끓던 찌개가 끓어 넘치듯이요.

♫ '그러면 안돼요' 놀이

노래 제목 친구를 쿵 하면 안돼요, 쿵 하고 넘어졌어요

작사·작곡 김성은

아이가 3~5살 정도가 되면, 친구를 밀치거나 꼬집는 행동을 하는 경우가 종종 있습니다. 모든 아이들이 그런 행동을 하는 것은 아니지만, 꽤 많은 아이들이 그런 문제 행동을 합니다. 단순히 혼내고 꾸짖는 방식이 아니라, <친구를 쿵 하면 안 돼요>라는 노래를 부르면서 친구를 때리는 것은 잘못된 행동이라는 것을 가르쳐주세요.

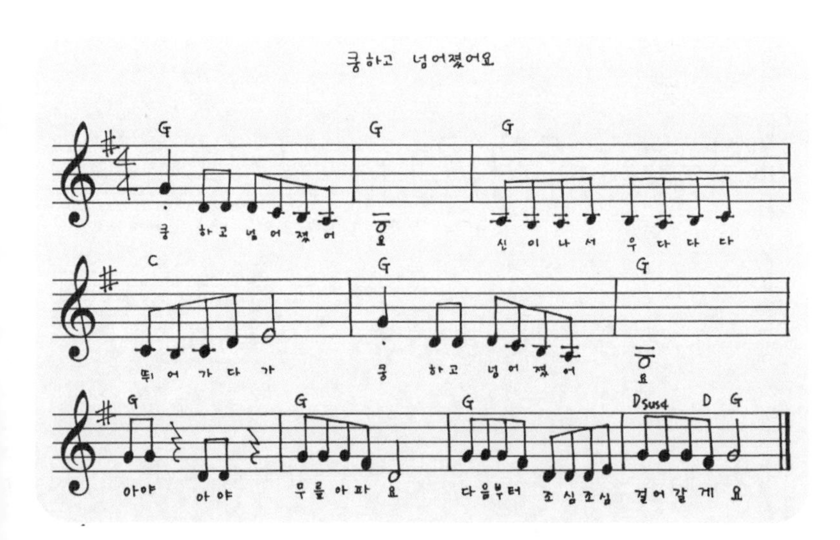

아이들은 어른들과 다르게 신나는 일이 있으면 흥분을 주체하지 못하고 주위를 마구 뛰어다니곤 합니다. 그러나 아직 신체의 미세한 컨트롤이 부족하기 때문에 넘어지거나 부딪히는 경우가 많죠. 이는 큰 사고로 이어질 수 있다는 점에서 교육이 필요합니다. <쿵 하고 넘어졌어요>는 뛰다가 일어나는 위험한 상황들을 노래로 담았습니다. 아이와 함께 노래를 부르며 안전 교육을 자연스럽게 해주세요. 아이에게 일어날 수 있는 다른 위험 상황들로 개사해 노래 불러보는 것도 좋습니다.

♫ 정리 놀이

노래 제목 정리해 모두, 모두 제자리

작사·작곡 김성은

<정리해 모두>는 아이가 놀이 시간에서 느꼈던 신나는 감정을 그대

로 이어갈 수 있도록 만든 밝은 풍의 노래입니다. 쉬운 멜로디와 가사로 기분 좋게 자신이 가지고 논 장난감들을 정리하며 놀이를 마무리하도록 도와줍니다.

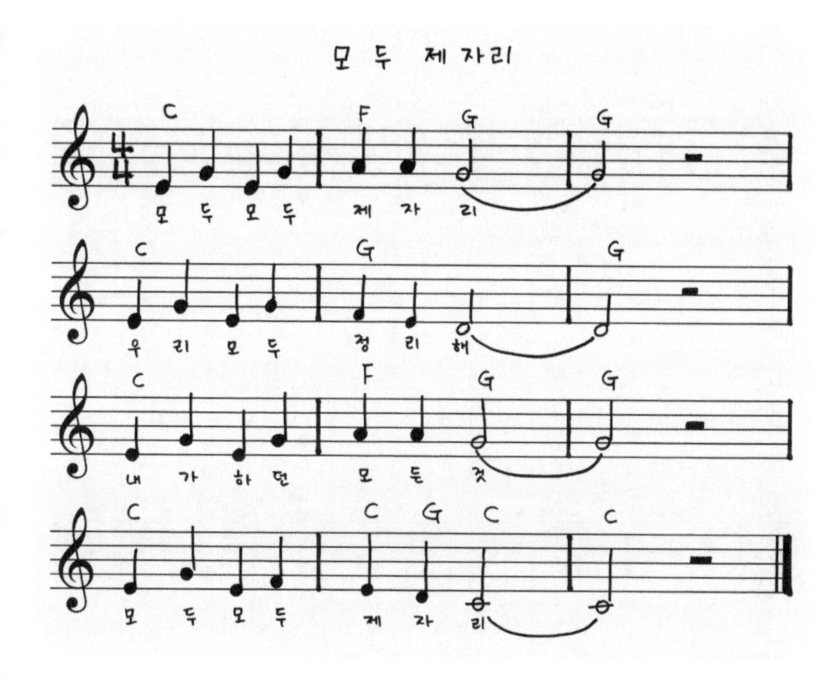

<모두 제자리>는 반대로 차분한 노래입니다. 흥분된 마음을 자연스럽게 가라앉히며 아이가 정리하는 데 도움을 줍니다. 두 곡 모두 놀이 시간을 마무리해야 할 때나 청소를 할 때 유용합니다. 무언가를 정리해야 할 상황에서 두 노래를 틀어주는 걸 몇 번 반복하다 보면, 자연스럽게 우리 집만의 '정리 송song'이 된답니다. 어느새 아이는 노래가 나오면 하던 것을 멈추고, 스스로 자신의 것을 정리하는 모습을 보일 겁니다.

♫ 절약 놀이

노래 제목 아껴요

작사·작곡 김성은

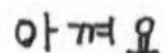

최근 심각해진 환경오염 및 기후변화에, 우리나라뿐 아니라 세계적으로 관심이 커지고 있습니다. 우리가 살아갈 건강한 지구를 위해, 우리가 아껴야 할 것들이 많습니다. 그러나 그걸 아이에게 그냥 말로써 이해시키기란 어렵습니다. 이럴 때 <아껴요> 노래를 통해 우리 아이들이 환경에 대해 생각하고, 자연스럽게 일상생활에서 절약하는 습관을 기르도록 할 수 있습니다. 가사에 등장하는 휴지, 스케치북, 물 등을 대신

하여 아껴야 할 다른 물건들로 개사해 불러봐도 좋습니다.

♫ 사랑 표현 놀이

노래 제목 엄마 아빠 사랑해, 사랑해 송, 생일 축하해

작사·작곡 김성은

첫 번째로 소개할 곡은 <사랑해 송>입니다. 노래 중, '아가'라는 부분에 우리 아이의 이름을 넣어서 노래 불러주세요. 아이는 자신의 존재를 더욱 특별하게 느낄 것입니다.

두 번째로 소개할 곡은 <엄마 아빠 사랑해>입니다. 노래 가사에서 '사랑해' 부분이 나올 때 안아주기, 뽀뽀하기, 하트 만들기 등 미션을 정해서 아이와 행동으로 표현해 보는 걸 추천드립니다. 음악성을 키워주며 아이에게 사랑을 줄 수 있는 시간이 될 것입니다.

생일축하해
오 늘 은 너 무 설 레 는 날 일 년 중 가 장 뜻 깊 은 날
모 든 사 람 이 너 를 축 하 하 고 축 복 해 주 는 날
엄 마 와 아 빠 의 사 랑 으 로 태 어 난 너 를 사 랑 해
우 리 가 족 이 되 준 너 에 게 너 무 나 감 사 해
생 일 축 하 합 니 다 너 를 사 랑 합 니 다
보 석 보 다 빛 나 는 너 를 응 원 합 니 다
오 늘 처 럼 행 복 이 가 득 하 고 입 가 에 미 소 가 아 름 다 운
너 의 꿈 이 모 두 이 뤄 지 길 언 제 나 응 원 해

세 번째로 소개할 곡은 <생일 축하해>입니다. 노래 가사 중 '너를' 부분에 아이의 이름을 넣어서 불러주도록 합니다. 그럼 내 아이만의 특별한 생일 축하 곡이 탄생하게 됩니다. 조금 특별한 생일 축하 노래로 아이에게 사랑의 메시지를 전하고 싶을 때 불러주면 안성맞춤입니다.

위의 세 곡을 통해 자연스럽게 노래에 맞춰 언제라도 우리 아이들과 사랑을 말하고 뽀뽀하고 안아주는 시간을 가져봅니다.

많은 동요 놀이 중에 일부를 소개해 보았습니다. 아이가 10세 이전이면 집에서도 충분히 부모와 함께 동요를 들으며 음악 놀이를 할 수 있습니다. 실생활에서의 음악 놀이를 통해 아이는 자연스레 노래를 듣고 따라 부르며 변화하는 리듬을 몸소 체득하게 됩니다. 아이와 함께 즐거운 음악 놀이로 추억을 쌓고 아이의 음악성을 키워주는 건 어떨까요?

동요로 만나는 동화

많은 부모들이 자녀가 책 읽기를 즐겨 하기를 바랍니다. 그래서 책 사는 데는 돈을 아끼지 않고, 전집을 다양하게 구성하여 구입하기도 합니다. 그러나 부모의 기대와 달리 책에 관심이 없는 아이들이 있습니다.

"엄마가 책을 저만큼 사줬는데, 왜 책은 안 읽고 매일 장난감만 가지고 놀아? 장난감 다 버린다!"

이렇게 아이에게 협박 아닌 협박으로 이야기해도 소용없지요. 부모의 말 몇 마디에 아이가 책을 좋아하게 되기는 힘듭니다. 아이는 요지부동 자신이 원하는 놀이에 푹 빠져 집중할 뿐이죠. 저 또한 6살 아이를 두고 있는 부모 입장에서, 어떻게 하면 아이들이 책에 관심을 가질지 매번 고민합니다.

오랜 시간 아이들을 교육하면서 느낀 건, 아이들은 아무리 하기 싫고 어려운 것이라도 놀이로 받아들이기 시작하면 그 대상을 긍정적으로 인식한다는 것입니다.

실제로 아이들이 좋아하는 음악을 매개체로 이용하니 평소 책을 즐겨 읽지 않는 아이들도 책을 어렵고 딱딱한 대상이 아니라 재미있는 놀이로 인식하는 모습을 보입니다.

아이들에게 동화를 읽어주는 선생님은 많습니다. 선생님이 아니어도 부모도 읽어줍니다. 그러나 그 동화 이야기를 노래로 불러보는 경험은 해보지 않았기에 아이들은 물론이고 부모 또한 신선하고 재미있게 느낍니다.

제가 가르쳤던 많은 아이들과 함께 했던 노래 중에 제가 애정하고 아이들도 너무나 좋아하는 몇 곡을 소개합니다. 부모가 집에서 아이와 함께 책을 읽고, 동요로 부를 수 있는 '동요로 만나는 동화'를 경험해 보는 건 어떨까요? 책 읽기에 더욱 흥미를 가지고 적극적으로 참여하는 아이를 보며 뿌듯함을 느껴보시길 바랍니다.

♫ 떡 하나 주면 안 잡아먹지

원작 (전래동화) 해와 달이 된 오누이

❶ 동화 줄거리 파악하기

아이와 함께 『해와 달이 된 오누이』 그림책을 읽어보도록 합시다. 이야기를 들려준 후 동요를 틀고, 그에 맞는 책 속 그림을 보여주세요. 아이는 귀로 동요를 듣고, 눈으로는 그림을 보며, 음악과 스토리를 더 자연스럽게 연결시키게 됩니다.

❷ 노래 듣고 함께 불러보기

노래 제목 떡 하나 주면

작사·작곡 김성은

떡 하나 주면 안 잡아먹지

떡 하나 주면 안 잡아먹지

호랑이가 나타났어요

엄마까지 꿀꺽 엄마 옷을 입고

토닥토닥토닥 밀가루를 듬뿍

(엄마야 문열어 봐, 어 호랑이다 도망가자)

호랑이 피해 하늘나라로

동아줄 타고 휘리리릭

하늘에 해님과 하늘에 달님

우릴 보고 웃어요

❸ 율동하기

아이와 부모가 함께 노래와 관련된 율동을 만들어도 좋고, 부모가 간단하게 만든 율동을 아이가 따라 해보도록 해도 좋습니다. 율동을 하며 노래를 익히도록 합시다. 단순히 율동을 추가한 것만으로도 아이는 음악과 책에 대해 친근감을 느낍니다.

❹ 부모와 함께 놀아요

내가 호랑이!　부모 혹은 아이가 호랑이가 되어 역할놀이를 해봅시다. 더욱 재미를 주기 위해 호랑이 가면을 직접 만들어도 좋고, 문구점에서 사도 좋습니다. '떡 하나 주면 안 잡아먹지' 부분에서 떡을 '젤리'나 '사탕'으로 바꿔 불러볼 수 있습니다. 실제 간식을 준비하여 활동 놀이를 해 봅시다.

꼭꼭 숨어라　'어 호랑이다 도망가자' 부분에서 아이들과 신나게 도망가고 숨는 놀이를 해봅니다. 숨바꼭질 놀이로 연결해서 "꼭꼭 숨어라. 호랑이가 찾는다."라고 말하며 응용 활동을 해보는 것도 좋습니다.

❺ 음악주제 놀이

주요 리듬 손뼉 연주　아이와 함께 손뼉을 치며 노래를 불러 보도록 합시다. 집에 두드릴 수 있는 드럼과 같은 악기가 있다면 연주를 하며 노래를 불러보도록 합시다. 이외에도 집에 있는 냄비나 믹싱볼 등을 활용하셔도 좋습니다.

떡　하 나　주 면　안 잡 아　먹 지

♪　♩ ♪　♩ ♩　♫ ♫　♩

변박자 경험하기　동요 <떡 하나 주면>은 두 가지의 박자로 이루어져 있습니다. 바로 '4분의 4박자'와 '4분의 3박자'입니다. 이렇게 박자가 바뀌는 것을 '변박'이라고 합니다. 아이들에게 용어까지 알려줄 필요는 없지만, 어느 부분에서 박자가 변하는지 알려주고, 위의 손뼉 연주를 같이 하며 자연스럽게 변박을 느끼게 해주도록 해주세요.

떡 하나 주면 안 잡아먹지
떡 하나 주면 안 잡아먹지

호랑이가 나타났어요
엄마까지 꿀꺽 엄마 옷을 입고

토닥토닥토닥 밀가루를 듬뿍
(엄마야 문열어봐, 어 호랑이다 도망가자)

4분의 4박자

호랑이 피해 하늘나라로

동아줄 타고 휘리리릭

하늘에 해님과 하늘에 달님

우릴 보고 웃어요

4분의 3박자

색종이를 활용하여 시각적으로 박자가 변하는 것을 알려주는 방법도 있습니다. 우선, 색종이를 두 장을 준비해 주세요. 두 장의 색이 다르면 더 좋겠지요. 한 장은 세모로 접고, 다른 한 장은 사각형의 색종이를 그대로 사용하면 됩니다. 삼각형은 세 박자를 뜻하고, 사각형은 네 박자를 뜻 합니다. 이를 아이에게도 알려주세요. <떡 하나 주면> 노래에 맞춰 변하는 박자에 맞게 손가락으로 도형을 짚어보는 놀이를 해봅시다.

♫ 너희들은 돼지야

원작 『돼지책Piggy Book』 - 앤서니브라운 作

❶ 동화 줄거리 파악하기

세계적인 유명 작가 '앤서니 브라운'의『돼지책』은 부모들도 좋아하고 아이들도 좋아하는 책입니다. 아이와 함께『돼지책』을 읽어봅시다. 이후, 동요 <너희들은 돼지야>를 틀어주고, 책의 그림을 중점적으로 다시 한번 읽어봅시다. 귀로는 동요를 듣고, 눈으로는 그림을 보는 것이죠. 이를 통해 아이는 자연스럽게 음악을 느끼며 책 내용을 이해합니다.

❷ 노래 듣고 함께 불러보기

노래 제목 너희들은 돼지야

작사·작곡 김성은

너희들은 다 돼지야
너희들은 다 돼지야

여보 밥 줘 엄마 밥 줘
이제 그만

여보 미안해요

엄마 고마워요

설거지 내가 할게요

도와줄게요

엄만 편히 쉬세요

❸ 율동하기

부모가 율동 만들기가 굉장히 수월한 노래입니다. '돼지야' 부분에서는 돼지 흉내를 내보고, 부모가 사라지는 부분에서는 슬픈 감정을 표현해 보도록 합니다. 소리 내어 우는 연기를 해도 좋습니다. 부모와 아이가 함께 여러 부분의 율동을 만들어 노래를 불러봅시다.

❹ 부모와 함께 놀아요

엄마 놀이 아이가 엄마의 역할이 되어 요리, 청소, 다림질, 이불 정리 등등 동화에 나오는 여러 가지 일들을 해보도록 합시다. 반대로 엄마와 아빠는 그림책에 나오는 아이나 아빠처럼 아무것도 하지 않고 소파에 앉아서 쉬는 모습을 연출해 봅니다. 그렇게 역할 놀이를 한 후, 각자 어떤 걸 느꼈는지 이야기 나눠보도록 합시다.

역할 놀이 앞서 말한 '엄마 놀이'의 연장선입니다. 뮤지컬처럼 <너희들은 돼지야> 노래를 부르며 『돼지책』 내용을 따라 역할 놀이를 해

봅시다. 아빠와 아이들이 돼지로 변할 때, 돼지 머리띠나 가면 등을 이용하면 더욱 실감이 나겠죠? 떠났던 엄마가 돌아오고, 온 가족이 엄마를 도와줄 때 돼지 분장은 벗어버립니다. 놀이 이후에는 앞으로 엄마를 도와줄 수 있는 것들에 대해서 이야기를 나누고, 우리 가족들이 앞으로 해야 할 일 혹은 지켜야 할 약속들을 정하도록 합시다.

⑤ 음악주제 놀이

악센트 <너희들은 돼지야> 중, '다 돼지야' 부분은 특히 세게 불러야 합니다. 어떤 음을 다른 음보다 강하게 연주하는 것을 음악 용어로 '악센트accent'라고 합니다. 뿅망치 장난감을 이용해 악센트를 표현해 봅시다.

엄마 미안해요 돌아오세요 <너희들은 돼지야>는 장조Major에서 단조minor로 음악의 조가 바뀝니다. '이제 그만' 이후에 단조로 바뀌었다가, '설거진 내가 할게요' 이후로 다시 장조가 되죠. 장조는 밝고 명랑한 분위기를 주는데 반해, 단조는 어둡고 슬픈 분위기를 풍깁니다. 노래에서 어느 부분이 기쁘고 슬프게 느껴지는지장조와 단조인지 찾아보는 게임을 아이와 해봅시다.

너희들은 돼지야
G G G G
너 희 들 은 다 돼 지 야 너 희 들 은 다 돼 지 야
C D G D G
여 보 밥 줘 엄 마 밥 줘 이 제 그 만
G G G C
여 보 미 안 해 요 엄 마 고 마 워 요 설거진
C D G D G D G
내 가 할 게 요 도 와 줄 게 요 엄마 편 히 쉬 세 요

♫ 장화를 신고

원작 『장화신은 고양이』 - 샤를페로Charles Perrault 作

❶ 동화 줄거리 파악하기

아이와 함께 『장화 신은 고양이』 동화책을 읽어봅시다. 내용이 길기 때문에, 아이가 지루해하지 않도록 내용과 관련한 질문도 하고, 서로 느낀 점 등을 공유하며 읽어가는 것이 좋습니다.

❷ 노래 듣고 함께 불러보기

노래 제목 장화를 신고

작사·작곡 김성은

하나뿐인 빵 야옹아 함께 나눠 먹자
(야옹 감사합니다 주인님 제가 꼭 은혜를 갚을게요)

장화를 신고 자루를 들고
위풍당당하게 Let's go

장화를 신고 자루를 들고
위풍당당하게 Let's go

임금님 토끼를 잡아 왔어요

임금님 꼬꼬닭을 잡아 왔어요

(누가 보낸 거냐)

제 주인 카라반 왕자님이요

나는 장화 신은 고양이(야옹)

나는 장화 신은 고양이(야옹)

주인님을 왕자님으로 만들어 줄래요

❸ 율동하기

토끼, 닭, 고양이 등 동물이 가사에 나오기 때문에, 동물의 특징을 따서 율동을 만들어 보는 걸 추천합니다. 특히 아이가 직접 참여해 율동을 만든다면 더욱 흥미를 가지고 활동에 임할 것입니다.

❹ 부모와 함께 놀아요

동물 잡아오기　집에 동물 인형이 있다면 '임금님 토끼를 잡아 왔어요. 임금님 꼬꼬닭을 잡아 왔어요.' 부분에서 동물 인형을 잡아 오기 놀이를 아이와 해봅시다. 토끼뿐만 아니라 강아지, 곰, 돼지 등등 집에 있는 각종 인형을 활용하여 노래에 맞춰 동물 인형 잡아 오기를 놀이를 해보세요.

내가 장화 신은 고양이라면?　장화 신은 고양이가 카라반을 위해 토끼와 닭을 잡아오는 것 외에 할 수 있는 다른 일은 뭐가 있을까요? 요리를 할 수도 있고, 책을 읽어 줄 수도 있겠지요. 이와 관련해 아이와 이야기를 나눠보세요. 이후에 아이가 직접 장화를 신고 자루를 들며 '장화 신은 고양이'로 변신하도록 해주세요. 아이가 말한 '카라반을 위해 할 수 있는 일'을 해볼 수 있도록 말이죠.

❺ 음악주제 놀이

메이저 & 마이너　동요 <장화를 신고>에도 단조minor와 장조Major의 변화가 있습니다. 맨 처음의 '하나뿐인 빵 야옹아 함께 나눠 먹자' 부분은 슬프고 어두운 느낌을 주는 단조이고, 이후 부분은 밝고 경쾌한 느낌을 주는 장조이지요. 노래에서 어느 부분이 기쁘고 슬프게 느껴지는지장조와 단조인지 찾아보는 게임을 아이와 해봅시다. 실제로 장조와 단조에 맞게 감정 표현을 해보는 것도 좋은 놀이 방법입니다.

음계를 색으로 표현해 보기　이전의 파트4에서 설명했듯128p, 계이름에는 고유한 색이 있습니다. 이러한 고유의 색 음계를 통해 아직 글을 모르는 아이들에게도 쉽고 재미있게 음계를 가르칠 수 있습니다.
도는 빨강색, 레는 주황색, 미는 노랑색, 파는 초록색, 솔은 하늘색, 라는 파랑색, 시는 보라색을 의미합니다.
아이와 함께 스케치북에 색연필로 단조와 장조 음계를 표시해 보도록 합시다. 집에 피아노나 실로폰이 있다면 같이 활용해도 좋습니다.

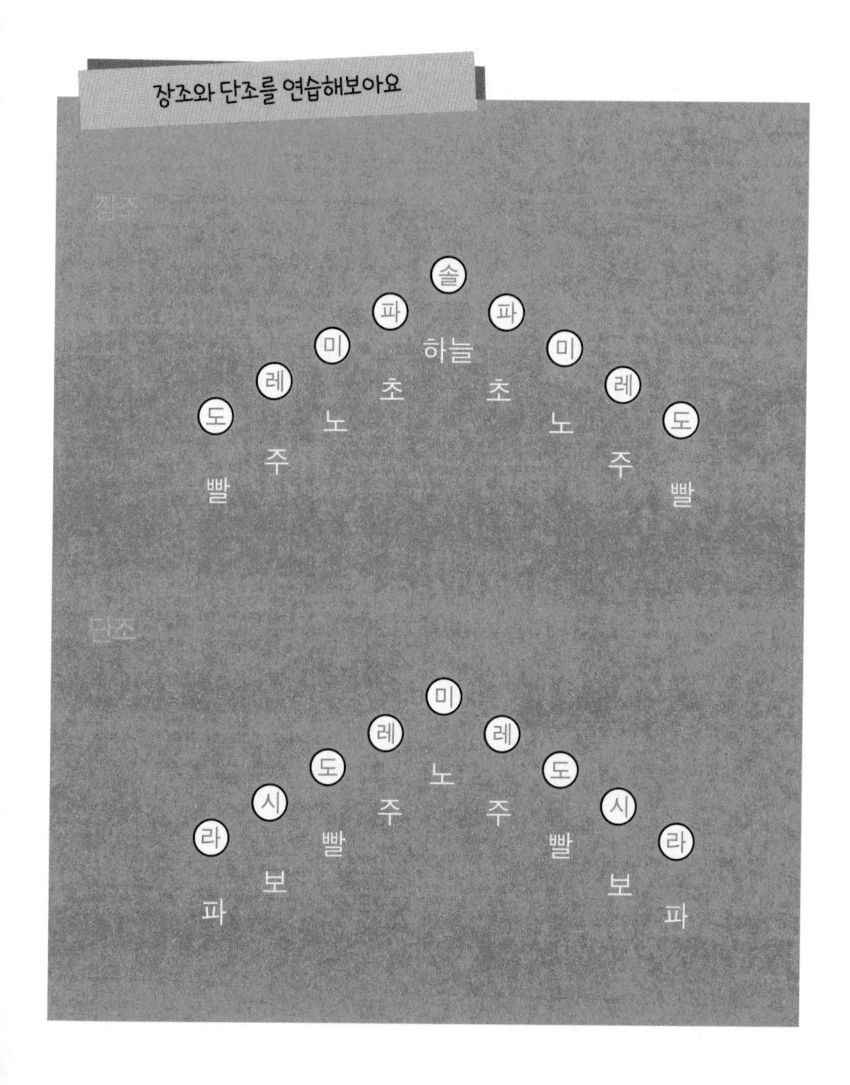

장화를 신고

Dm
하 나 뿐 인 빵 야 옹 아 함께 나 눠 먹 자
C C F
장 화 를 신 고 자 루 를 들 고 위 풍 당당하게 Let's go
C C F
장 화 를 신 고 자 루 를 들 고 위 풍 당당하게 Let's go
C C C C
임 금 님 토 끼 를 잡 아 왔 어 요 임 금 님 코 꼬 닭을 잡 아 왔 어 요
F G C C D G
제 주 인 카 라 반 왕 자 님 이 요 나 는 장 화 신 은 고 양 이
C D G F C
나 는 장 화 신 은 고 양 이 주 인 님 을 왕 자 님 으 로
G7 C
만 들 어 줄 래 요

♫ 코가 길어 진대요

원작 『피노키오』- 카를로 콜로디Carlo Collodi 作

❶ 동화 줄거리 파악하기

아이와 함께『피노키오』동화책을 읽어봅니다. 책의 주제이자 아래에서 소개할 동요의 주제이기도 한 '거짓말'에 대하여 아이와 이야기를 나눠보세요.

❷ 노래 듣고 함께 불러보기

노래 제목 코가 길어진대요

작사·작곡 김성은

뚝딱뚝딱 쓱싹쓱싹
나무인형 피노키오

뚝딱뚝딱 쓱싹쓱싹
나무인형 피노키오
손가락이 까딱까딱
두 눈이 데구루루

흔들흔들 춤을 춰요

내 친구 피노키오

거짓말을 하면 코가 길어 진대요
거짓말을 하면 코가 길어 진대요

아니야 아니야 거짓말 안 할 거야

③ 율동하기

동요 <코가 길어 진대요> 중 '코가 길어 진대요' 부분을 어떻게 율동하면 좋을지 아이와 함께 정해보도록 합시다. '뚝딱뚝딱', '쓱싹쓱싹', '까딱까딱', '데구루루' 부분에서는 어떻게 표현하면 좋을지 함께 생각해 보고, 율동을 만들어 노래와 함께 활용해 봅시다.

④ 부모와 함께 놀아요

뚝딱! 만들기　피노키오의 아버지인 제페토 할아버지가 되어서 뚝딱뚝딱 무언가를 만들어보는 놀이를 해보세요. 집에 공구놀이 장난감이 있다면 활용해도 좋습니다. 이외에도 조립식 블록 장난감을 이용하거나, 스케치북에 아이가 만들고 싶은 걸 그림으로 그리는 것도 가능합니다. 어떤 재료든, 어떤 도구든 자유롭게 아이가 원하는 걸 만들어 보는 시간을 가져볼 수 있도록 해주세요. 이때 잊지 말고 <코가 길어 진대요>를 틀어주세요.

스프링 놀이　아이들이 가지고 노는 장난감 중, 손바닥 정도 크기의 플라스틱 스프링을 준비합시다. 문구점에 1,000원 내외로 판매하는 것으로, 여러 색깔과 모양이 있으니 취향에 맞게 고르면 됩니다. 피노키오 코가 길어지는 가사가 나오면 이 장난감 스프링을 길게 늘리고, 다시 줄이는 활동 놀이를 해보도록 합니다.

❺ 음악주제 놀이

예비 박　<코가 길어 진대요> 중 '거짓말을 하면 코가 길어 진대요.'가 나오기 전, 네 박자의 '예비박'이 주어집니다. "하나, 둘, 셋, 넷" 아이와 손뼉을 쳐도 되고, 리듬악기 장난감이 있다면 음악에 맞추어서 연주를 해보도록 합시다. 자연스럽게 우리 아이의 리듬감을 키워 줄 수 있습니다.

4분의 4박자　<코가 길어 진대요>는 4분의 4박자 노래입니다. 나무젓가락에 리본 끈을 길게 붙여 리본 막대를 만들어주세요. 이 리본 막대로 사각형을 그리며 4박자 지휘를 해봅시다. 만약, 이것이 어렵다면 노래에 맞춰 스케치북에 사각형을 그리는 것도 좋습니다.

코가 길어진대요
뚝 딱 뚝 딱
쓱 싹 쓱 싹
나무 인형 피노 키오
뚝 딱뚝딱
쓱 싹 쓱 싹
나무 인형 피노 키오
손 가 락 이 까딱 까딱
두 눈 이 데구 루루
흔들 흔들
춤을 춰요
내 친구 피노 키오
거 짓 말을 하 면
코가 길어 진대요
거 짓 말 을 하 면
코 가 길 어 진 대 요
아니야
아니야
거짓말안 할 거 야

♫ 꿀꿀 집을 짓자

원작 『아기 돼지 삼 형제』

❶ 동화 줄거리 파악하기

아이와 함께 『아기 돼지 삼 형제』 동화를 만나봅니다. 아이들에게 친근한 동물 중 하나인 돼지가 주인공으로 나오고, 늑대의 등장으로 긴장감을 불어넣어 준다는 점에서 아이들이 좋아하는 이야기입니다.

❷ 노래듣고 함께 불러보기

노래 제목 꿀꿀 집을 짓자

작사·작곡 김성은

꿀꿀 꿀꿀 첫째 둘째 셋째 우린 아기돼지 삼 형제
꿀꿀 꿀꿀 첫째 둘째 셋째 돼지 멋진 집을 지어요

휘리릭 휘리릭 지푸라기로
휘리릭 휘리릭
지푸라기 집 완성

통통 통통 통통 통통 통나무집
통통 통통 통통 통통

통나무집 완성

하나 둘 하나 둘 하나둘 하나둘 벽돌로
벽돌집 완성

첫째 집 둘째 집 무너지고
셋째 돼지집 튼튼하대요

❸ 율동하기

동요 <꿀꿀 집을 짓자> 중 '꿀꿀' 부분에 더해, 동화 속 돼지들이 멋진 집을 짓는 상황과 늑대로 인해 집들이 무너지는 상황 등을 활용하며 아이와 함께 율동을 만들어보세요. 첫째 돼지지푸라기 집, 둘째 돼지통나무집, 셋째 돼지벽돌집에 맞는 각기 다른 3 가지의 율동을 만들어 노래에 맞춰 춰보도록 합시다.

❹ 부모와 함께 놀아요

집을 지어요 　집에 있는 조립식 블록 장난감으로 집을 만들어 봅시다. 가족들이 아이와 함께 살고 있는 집의 외형과 비슷하게 만들어 보는 것도 재미있습니다. 블록 장난감이 없다면 책을 활용해서 집을 만들어도 좋습니다.

집을 다 짓고 난 다음엔, 동화 속 늑대가 되어 집을 무너뜨려 보는 활동도 해보세요 아이들은 자신이 집중해서 만든 집을 무너뜨리며 스트레스도 해소하고 카타르시스를 느낍니다.

나는 늑대다! 아이와 부모가 각각 늑대와 돼지가 되어 역할놀이를 해보도록 합시다. 늑대와 돼지 가면, 혹은 머리띠가 있다면 더 재미있게 활동할 수 있습니다. 돼지 역할을 맡은 사람은 늑대 역할을 맡은 사람이 '후' 하고 입바람을 불 때 도망을 다니거나, 숨어 보세요. 일종의 술래잡기를 하는 것이지요. 이를 통해 아이는 책 읽기를 일종의 놀이로 인식하게 됩니다.

⑤ 음악주제 놀이

여러가지 리듬

휘리릭 휘리릭 : ♫ 셋잇단 음표
통통통통 통통통통 : ♪ 8분 음표
하나둘 하나둘 : ♩ 2분 음표, ♩ 4분 음표

<꿀꿀 집을 짓자>는 여러 가지 리듬으로 연주가 가능합니다. 집에 아이가 가지고 노는 악기 장난감이 있다면 노래에 맞춰 다양한 리듬으로 연주해 보세요

쉿! 쉼표를 만나요 '꿀꿀' 뒤에 보이는 '𝄽'는 음악에서 '쉼표'를 뜻합

니다. 즉, 소리를 내지 않고 쉬는 부분이라고 생각하면 쉽습니다. 아이에게 음악에서 쉼표가 나올 때는 조용히 하는 거라고 알려주도록 합시다.

노래에서 쉼표가 나올 때 어떤 제스처로 표현할지 정해서 쉼표 놀이를 하는 것도 아이의 이해를 돕는 데 도움이 됩니다.

꿀꿀집을 짓자
꿀꿀 꿀꿀 첫째 둘째 셋째 우린 아기돼지 삼 형 제
꿀꿀 꿀꿀 첫째 둘째 셋째 돼지 멋진집을 지 어 요
휘리릭 휘리릭 지푸라기로 휘리릭 휘리릭 지푸라기집 완성
통통 통통 통통 통통 통나무 집 통통 통통 통통 통통 통나무 집 완 성
하나 둘 하나 둘 하나 둘 하나 둘 벽돌로
첫째 집 둘째 집 무너지고 셋째돼지 집 튼튼 하대 요

♫ 거짓말하면 안 돼요

원작 『양치기 소년과 늑대』 - 이솝 作

❶ 동화 줄거리 파악하기

아이와 함께 『양치기 소년과 늑대』 동화를 읽어봅시다. 부모가 먼저 노래를 듣고 익혀서 이야기 중간중간에 짧게 노래를 불러주며 동화를 들려주면 아주 좋습니다. 동요를 부모 목소리로 미리 듣고 나면 아이는 책에 더욱 친밀감을 가지게 됩니다.

❷ 노래 듣고 함께 불러보기

노래 제목 거짓말 하면 안돼요

작사·작곡 김성은

거짓말하면 안 돼요 안 돼요
거짓말하면 큰일 난대요
양치기 소년

너무나 심심해
늑대가 나타났어요
마을 사람들 소년의 거짓말에

화가 많이 났어요

도와주세요 살려주세요 진짜 늑대야

이번엔 절대 안 속아 안 속아

거짓말쟁이 싫어 싫어요

❸ 율동하기

동요 <거짓말하면 안 돼요> 중 '거짓말하면 안 돼요' 부분의 율동을 만들어 보도록 합시다. 필요할 때 언제든 아이와 불러볼 수 있고, 나중에는 실생활에 적용할 수 있는 가사로 바꿔 부를 수 있습니다. ex. '소리를 지르면 안 돼요 안 돼요' 등. 아이와 함께 우리만의 지켜야 할 약속을 만들어 볼 수도 있습니다. 아이와 약속할 것이 있으면 적극적으로 활용하기 좋은 동요입니다.

❹ 부모와 함께 놀아요

소리치기 <거짓말하면 안 돼요> 노래를 듣다가 '도와주세요 살려주세요 진짜 늑대야!' 부분이 나오면, 아이 스스로가 양치기 소년이 되어서 함께 소리쳐봅시다. 집에 장난감 마이크가 있다면 사용해서 노래를 불러 보아도 좋습니다.

점점 커지는 것 찾아보기 스케치북에 작은 동그라미부터 시작해, 중간 크기의 동그라미, 큰 동그라미, 아주아주 큰 동그라미를 순서대로 그리며, 점점 커지는 모양을 표현해 봅시다. 하트, 별 등 아이가 그리기 좋아하는 다른 모양으로 표현해도 됩니다. 집에 있는 장난감 중에 크기가 다양한 걸 골라서 작은 것에서부터 큰 것까지 점점 커지는 모양을 표현해 보는 것도 좋습니다.

❺ 음악주제 놀이

주고받기 노래하기

부모 : **거짓말 하면?**

아이 : **안 돼요 안 돼요.**

부모 : **거짓말 하면?**

아이 : **큰일 난대요.**

이렇게 서로 대화를 주고받으며 노래를 해봅시다. 이러한 말 주고받기 놀이는 부모와 아이가 역할을 바꿔서 해보아도 재미있습니다.

포르티시모 　포르티시모fortissimo는 악보에서, 매우 세게 연주하라는 걸 뜻합니다. <거짓말 하면 안 돼요> 노래 중 '도와주세요. 살려주세요. 진짜 늑대야!' 이 부분은 점점 크게 노래를 하며, 이중 특히 '진짜 늑대야!' 부분은 아주 큰 소리로 소리치며 노래를 해야 합니다.
그러나 아이의 목소리만으로는 큰소리를 내는 데 한계가 있기에, 큰 소리를 낼 수 있는 도구를 놀이에 활용해 봅시다. 집에 있는 믹싱볼을 두드리거나 냄비를 두드려도 좋습니다.

♫ 디비디 바비디 부

원작 『신데렐라』-이솝 作

❶ 동화 줄거리 파악하기

딸들이 특히나 좋아하는 공주 시리즈 동화책 중 하나인『신데렐라』를 아이와 함께 읽어봅시다. 왕자와 함께 춤추는 부분이 나오기 때문에 남자아이들도 좋아하는 동화입니다.

❷ 노래 듣고 함께 불러보기

노래 제목 디비디 바비디 부

작사·작곡 김성은

나도 나도 궁전 파티 가고 싶은데
옷도 없고 마차도 없어 갈 수가 없네

신데렐라야 신데렐라야
내가 도와줄게 그만 울어

신데렐라야 신데렐라야
변신 시켜줄게 주문을 외자
(음 주문이 뭐였더라 아하)

디비디바비디부 디비디바비디부
호박을 마차로 생쥐를 마부로

디비디바비디부 디비디바비디부
디비디바비디부 신데렐라를 공주로

❸ 율동하기

<디비디 바비디 부> 노래 중 '디비디 바비디 부' 부분에 변신 지팡이를 휘두르는 율동을 넣어보세요. 또한 요정이 신데렐라를 공주로 변신시키는 부분에서는 '뱅그르르' 도는 율동을 만들어서 함께 활동 놀이를 해봅시다. 아이들이 적극적으로 율동을 만드는 노래 중에 한 곡입니다.

❹ 부모와 함께 놀아요

내가 신데렐라　집에 있는 공주 옷과 왕관 등을 준비해서 한 편의 뮤지컬 연기를 해보도록 합시다. 남자아이라면 왕자 옷으로 갈아입고 함께 춤을 춰보도록 합니다. 요술봉을 준비해 요정 역할을 하는 것도 재미있습니다. '디비디 바비디 부' 마법 주문을 노래하며 부모를 신데렐라 공주로 변신시켜줄 수도 있습니다.

기뻐요 슬퍼요　신데렐라가 궁전파티에 가지 못하고 일만 할 때는 슬픈 멜로디로 노래를 합니다. 하지만 요정이 나타나면서 기쁜 멜로디로 바뀝니다. 장조와 단조를 정확하게 느껴볼수 있는 <디비디 바비디 부> 노래를 들으며, 어떨 때 기쁘고 슬픈지 이야기를 나누어 보고, 아이 스스로 기쁘고 슬픈 감정을 표현해 볼 수 있도록 해주세요. 노래를 들으며, 스케치북에 기쁜 분위기에서는 웃는 표정의 얼굴을 그리고, 슬픈 분위기에서는 우는 표정의 얼굴을 그려보도록 합니다.

⑤ 음악주제 놀이

리듬 놀이　<디비디 바비디 부> 노래 중 '디비디 바비디 부' 부분에서 함께 난타놀이를 해봅시다. 집에 있는 믹싱볼을 뒤집어 놓고 박자에 맞춰 두드리는 것입니다. 장난감 드럼이 있다면 사용해도 좋습니다.

디비디 바비디 부
나 도 나 도 궁전파티 가고 싶은데 옷도 없고 마차도 없어
갈 수 가 없네 신데렐라 야 신데렐라야 내가 도와 줄게
그 만 울 어 신데렐라 야 신데렐라 야 변신 시켜 줄 게
주문을 외자 디비디 바비디 부 디비디 바비디 부 호박을 마차로
생 쥐를 마 부 로 디 비 디 바 비 디 부 디 비 디 바비디 부
디 비 디 바 비 디 부 신데 렐 라를 공 주 로

동요를 이용한 음악 놀이

봄, 여름, 가을, 겨울 4계절에 맞춰서 아이와 함께 동요를 부르며 음악 놀이를 할 수 있도록 동요 몇 가지를 소개해드리고자 합니다. 자세한 활용 팁도 포함되어 있으니 참고하시길 바랍니다. 노래만 들려주어도 아이에게 훌륭한 음악 교육이 될 수 있는 곡들로 준비했습니다. 천천히 차근차근 하나씩 아이와 함께 해보시고 즐거운 음악 놀이가 될 수 있기를 바랍니다.

♫ 봄

노래 제목 예쁜 벚꽃이

작사·작곡 김성은

봄이 되면 너무 아름답지만 짧은 시간 행복을 주고 떨어지는 벚꽃. 매년 봄이 되면 가요 <벚꽃엔딩>이 울려 퍼집니다. 가요 말고 아이들이 쉽게 따라 부르는 노래를 쓰고 싶어서 만든 노래입니다. 이 곡은 벚꽃이 떨어지는 모습을 '도 시 라 솔 파 미 레 도' 하행 스케일로 표현한 곡입니다. 자연스럽게 아이들이 음의 변화를 느낄 수 있죠.

대부분의 아이들이 '도 레 미 파 솔 라 시 도' 상행 스케일은 자신 있게 큰 소리로 노래합니다. 그런데 반대인 '도 시 라 솔 파 미 레 도' 하행 스케일은 자신 없어하거나 어려워합니다. 그러나 '예쁜 벚꽃이' 노래를 반복해서 듣고 부르고 나면, 신기하게 하행 스케일을 쉽게 인지합니다.

❶ 아이와 이야기 나누기

먼저 아이와 벚꽃에 대해 이야기를 나누고, 바람이 불어 벚꽃잎이 떨어질 때 어떻게 떨어지는지 몸으로 표현해 보도록 합시다. 노래와 함께 몸을 움직이며 재미있는 음악 놀이 활동이 가능한 곡입니다.

❷ 노래듣고 함께 불러보기

예쁜 벚꽃이 떨어지네요
리랄라리랄라 리랄리라

도 시 라 솔 파 미 레 도

③ 부모와 함께 놀아요

준비물 습자지 혹은 휴지, 리본막대, 스카프

악기 준비물 멜로디 악기실로폰, 핸드벨, 피아노 등.

"○○아, 밖에 예쁜 벚꽃이 많이 피었지? 그런데 바람이 불면 어떻게 될까요? 맞아! 떨어지지. 벚꽃이 떨어지는 모습 봤어? 어떻게 떨어질까? '도(만세), 시(머리), 라(어깨), 솔(가슴), 파(배꼽), 미(엉덩이), 레(무릎), 도(발)' 이렇게 위에서 아래로 떨어진단다. 우리 같이 <예쁜 벚꽃이> 노래 들으면서 어떻게 벚꽃이 떨어지는지 손으로 짚어볼까?"

<예쁜 벚꽃이> 노래 중 '도, 시, 라, 솔, 파, 미, 레, 도'로 점점 음이 낮아지는 하행스케일 부분을 부모가 손으로 터치해 주세요. 노래를 들으면서 아이는 몸으로 계이름을 느끼고 표현할 수 있게 됩니다. 음악을 감각적으로 느끼는 거지요.

확장 놀이 활동으로, 각 티슈 혹은 습자지 같은 가벼운 종이류를 이용해 아이와 위에서 밑으로 종이를 날려봅시다. 아이가 <예쁜 벚꽃이> 노래를 어느 정도 익혔다면 스카프 혹은 리본 막대로 하행 스케일을 표현해 보도록 합시다.

이후 악기 놀이로 이어갈 수 있습니다. 피아노가 있으면 피아노에서

'도 시 라 솔 파 미 레 도' 노래에 맞춰 쳐보도록 하고, 없다면 다른 멜로디 악기로 하행 스케일을 연주해 보도록 합시다.

유아들도 쉽게 연주가 가능한 멜로디 악기 중에 터치 핸드벨 혹은 계단 실로폰이 좋습니다. 아이들이 노래를 들으며 하행 스케일 부분에서 멜로디 연주를 하도록 도와주세요. '도 시 라 솔 파 미 레 도' 각 음들이 2박자로 연주됩니다. 아이가 5세 이후라면 계이름과 박자를 지켜 악기를 연주할 수 있도록 해주는 것도 좋습니다.

♫ 여름

노래 제목 잡아요잡아요

작사·작곡 김성은

❶ 아이와 이야기 나누기

우리 아이는 무더운 여름에 어떤 놀이를 하길 원하나요? 아이와 함께 물놀이도 하고 낚시놀이도 해보세요. 이 곡은 부모와 낚시놀이를 하며 템포의 변화를 느껴볼 수 있는 곡입니다. 집에 낚시놀이 장난감이 있다면 사용해서 놀이하기 좋습니다.

❷ 노래 듣고 함께 불러보기

잡아요 잡아요 잡아요
물고기를 잡아요

잡아요 잡아요 잡아요
물고기를 잡아요

<잡아요 잡아요>는 반복되는 가사와 멜로디로, 쉽게 익히고 바로 따라 부를 수 있는 동요입니다. 먼저 아이와 어떤 물고기를 잡아볼지 이야기를 나누고 <잡아요 잡아요>를 들으며 낚시놀이를 시작하면 됩니다.

처음엔 낚싯대만 가지고 노래에 맞춰 거실을 걸어보도록 하세요. 노래에 나오는 다양한 템포를 몸으로 직접 경험할 수 있도록, 템포에 맞춰서 느리게 혹은 빠르게 걸어봅시다. 우리 아이들은 몸으로 음악을 표현할 때 가장 집중하고 즐거움을 느낍니다.

❸ 부모와 함께 놀아요

준비물 낚시대, 물고기

악기 준비물 집에 있는 장난감 악기아무거나 상관없습니다.

"오늘은 재미있는 낚시 놀이를 해보자. 어떤 물고기를 잡아볼까?"

<잡아요 잡아요>를 잘 듣고 낚싯대를 던지는 모션을 취해봅니다. '휘잉' 하는 효과음 소리가 날 때 고기를 잡을 수 있다고 우리만의 약속을 정한 뒤 활동 놀이를 해봅시다. 이때, 다양한 바다생물을 알려주면 아이는 음악을 더욱 집중해서 들을 것입니다. 부모와 함께 바다생물에 관한 책을 읽어도 좋습니다.

<잡아요 잡아요> 노래를 부르며 내가 잡기로 한 것을 잡아나가는 활동 놀이를 통해서 아이는 자연스럽게 여러 가지 템포를 경험할 수 있습니다.

이후 악기 놀이로 이어갈 수 있습니다. 집에 있는 셰이커 혹은 드럼, 만약 악기가 없다면 악기를 대체할 수 있는 무언가를 찾아보도록 합시다. 두드리면 소리가 나거나 흔들었을 때 소리가 나는 것들이 좋습니다.

부모와 함께 변화하는 템포에 맞춰서 악기를 연주하며 거실을 걸어보도록 합니다.

♫ 가을

노래 제목 비 오는 날

작사·작곡 김성은

❶ 아이와 이야기 나누기

먼저 아이와 함께 비가 오는 날에 대해 이야기를 나누도록 합니다. 우산을 쓰고 빗속을 걸어갔던 이야기, 첨벙첨벙 장화를 신고 물웅덩이에서 장난을 친 이야기, 우르르 쾅쾅 천둥 번개에 관련된 이야기 등 추억을 곱씹어 보세요. 이후에 <비 오는 날> 동요를 듣고 가사에 맞추어 율동을 만들고 몸을 움직이며 노래를 불러보세요.

비가 내리는 날 집에서 아이와 노래를 들으며 음악 놀이를 한다면 더 깊이 기억에 남게 됩니다. 아마 또 다른 비 오는 날에 아이가 노래를 부르는 모습을 보게 될 수도 있죠. <비 오는 날>에서는 여러 빗소리를 들어볼 수 있습니다.

❷ 노래 듣고 함께 불러보기

톡톡톡톡 톡톡톡톡 비가 내려요
장화를 신어요 우산을 써요

첨벙첨벙 첨벙첨벙 첨벙첨벙 첨벙첨벙

비가 오는 소리를 들어볼꺼야

(비 내리는 소리)

❸ 부모와 함께 놀아요

에어캡 활용하기　택배 받을 때 온 포장 에어캡일명, 뽁뽁이이 있다면 버리지 말고 사용해 봅시다. 손가락으로 함께 터트려 보고, 발로 밟아도 봅니다. 톡톡 터지는 소리가 마치 빗소리처럼 느껴지지 않나요? 바닥에 에어캡을 길게 깔고 동요 <비 오는 날>을 들으며 활동 놀이를 해봅시다. 특히 노래 가사 중 '첨벙첨벙첨벙첨벙' 부분에서 신나게 밟으며 에어캡을 터트려봅시다.

볼풀 공 활용하기　볼풀 공과 바가지, 우산을 준비해 같이 음악 활동을 해봅시다. 아이는 우산을 쓰고 있고, 부모는 바가지에 볼풀 공을 담아서 아이의 우산 위로 시원하게 뿌려줍니다. 마치 비가 내리는 것처럼요. 특히 <비 오는 날> 노래 중, '비가 오는 소리를 들어볼 거야'라는 가사에 맞춰 볼풀 공을 우산 위로 부어준다면 아이가 더 재미있어 합니다. 아이가 쓰는 우산은 투명 비닐우산을 추천합니다. 그래야 공이 떨어지는 것을 눈으로 볼 수도 있고, 더욱 실감 나게 비가 떨어지는 소리 연출이 가능합니다.

레인 메이커 연주　<비 오는 날> 노래 중 '비가 오는 소리' 부분에서 아이들과 함께 '레인 메이커색색의 구슬들이 빗소리를 만들어내는 유아용 악기/장난감.를 연주해 보도록 합시다. 인터넷이나 대형 마트 등에서 손쉽게 구매가 가능합니다.

동요를 부르며 노래 속에 빗소리가 들리면 레인 메이커 악기를 사용해서 소리를 만들어 보도록 합니다. 천둥 번개 소리를 만드는 악기 '스프링 드럼'도 있습니다. 레인 메이커와 스프링 드럼을 함께 사용해서 비 오는 날을 연출해 보도록 합시다.

♫ 겨울

노래 제목 산타할아버지

작사·작곡 김성은

❶ 아이와 이야기 나누기

1년 중 아이들이 가장 설레고 기다리는 날이 있습니다. 바로 크리스마스이지요. 아이들은 산타 할아버지께서 어떤 선물을 주실지 기대를 하며, 편지도 쓰곤 합니다. 아이와 크리스마스에 대해 이야기를 하고 어떤 선물을 원하는지도 이야기 나눠봅시다. 부모와 함께 다양한 캐럴을 불러보며 설레는 마음으로 크리스마스의 분위기를 만끽해 봅시다.

❷ 노래 듣고 함께 불러보기

산타할아버지
산타할아버지
산타할아버지

선물주세요
선물주세요

❸ 부모와 함께 놀아요

준비물 장난감 마이크

악기 준비물 쉐이커, 아이가 좋아하는 악기 무엇이든 OK!

동요 <산타 할아버지> 가사 속에 '산타 할아버지'를 아이와 함께 불러보며, 어떤 선물을 받고 싶은지 이야기해 봅시다.

집에 장난감 마이크가 있다면, 마이크를 들고 멋지게 다양한 캐럴을 부르는 시간을 보내봅시다. 외국의 다양한 캐럴도 부모와 들어볼 수 있고, 합창단들이 노래하는 영상을 찾아 아이와 함께 볼 수도 있습니다. 다양한 악기의 연주곡도 찾아 들어보며 아이와 함께 캐럴을 만끽해 보는 음악 추억을 쌓아보도록 합시다.

이후 악기 놀이로 이어갈 수 있습니다. 놀이 시, '벨' 종류의 악기를 활용하는 걸 추천합니다. 원 벨, 3벨, 5벨 등 아이가 좋아하는 악기로 신나게 연주하며 캐럴을 부를 수 있게 합시다.

<산타 할아버지> 노래 중 '산타 할아버지' 부분에서는 악기로 리듬에 맞춰 연주하고 노래해 보세요.

산타할아버지

아이의 두뇌를 춤추게 하는 음악 놀이

초판 1쇄 인쇄일 2021년 11월 1일 • 초판 1쇄 발행일 2021년 11월 8일
지은이 김성은
총괄기획 정도준 • 편집 최희윤 • 마케팅 김현주
펴낸곳 (주)도서출판 예문 • 펴낸이 이주현
등록번호 제307-2009-48호 • 등록일 1995년 3월 22일 • 전화 02-765-2306
팩스 02-765-9306 • 홈페이지 www.yemun.co.kr

주소 서울시 강북구 솔샘로67길 62 코리아나빌딩 904호

ISBN 978-89-5659-430-9 03590